消费者

产品选择

策 略

杨晓鹏 / 著

CUSTOMER

PRODUCT SELECTION

STRATEGY

企业管理出版社

ENTERPRISE MANAGEMENT PUBLISHING HOUSE

图书在版编目（CIP）数据

消费者产品选择策略／杨晓鹏著. —— 北京：企业
管理出版社，2020.12

ISBN 978 - 7 - 5164 - 2196 - 3

Ⅰ . ①消… Ⅱ . ①杨… Ⅲ . ①产品设计 - 研究 Ⅳ .
①TB472

中国版本图书馆 CIP 数据核字（2020）第 153962 号

书　　名：消费者产品选择策略
作　　者：杨晓鹏
选题策划：周灵均
责任编辑：张　羿　周灵均
书　　号：ISBN 978 - 7 - 5164 - 2196 - 3
出版发行：企业管理出版社
地　　址：北京市海淀区紫竹院南路 17 号　　邮编：100048
网　　址：http://www.emph.cn
电　　话：编缉部（010）68456991　　发行部（010）68701073
电子信箱：emph003@sina.cn
印　　刷：河北宝昌佳彩印刷有限公司
经　　销：新华书店
规　　格：170 毫米×240 毫米　　16 开本　　13.25 印张　　190 千字
版　　次：2020 年 12 月第 1 版　　2020 年 12 月第 1 次印刷
定　　价：68.00 元

前　言

　　PB 产品是大型零售商自主研发的产品，是消费者非常喜爱的产品类型之一，对于提高消费者的满意度起着至关重要的作用，而且 PB 产品对于大型零售商来说是核心，是战胜制造业产品的强有力的武器和手段。对大多数零售商来讲，PB 产品是其摆脱制造企业唯一的机会，因此 PB 产品是大型零售商的重要组成部分。

　　为了了解消费者对 PB 产品需求的现状，适应市场经济和现代化建设的需求，作者根据长期从事关于消费者心理和行为的研究、产品的研究与实践、教学与培训以及咨询的经验，结合我国大型超市 PB 产品管理的现状，在进行调查研究、实证分析、收集大量资料的基础上编写了本书。

　　本书根据设定的研究模型，从理论知识与实证计量统计分析的层面分别予以详细的介绍，突出了实用性和科学性。理论知识层面分别介绍了我国大型超市的发展现状，大型超市 PB 产品的发展现状和重要性，并与 NB 产品进行了详细的比较，突出了 PB 产品的重要性。实证计量统计分析层面分别介绍了信度与效度分析、主成分分析、结构方程模型等比较常用和重要的计量分析方法，便于读者阅读和理解。

　　本书的主要特点：一是内容新颖全面，包括大型零售商、PB 产品和 NB 产品以及计量分析方法等内容；二是强调理论知识与实践相结合。本书的出版对于营销类、物流和管理等专业的教学是一个极大的促进。

　　本书编写过程中参考了许多专著、论文、教材和企业的有关资料，在此向相关的作者和有关的单位表示诚挚的谢意。本书的出版，得到了企业管理出版社的大力支持，在此也表示衷心的谢意。在本书的编写过程中难免会出现疏漏和不足之处，诚请专家和读者提出宝贵意见和建议，以便日后充实与完善。

杨晓鹏

2020 年 11 月

目　录

第一章　研究背景

近几年，大型超市在我国的零售企业中发挥着重要作用。以 2010 年为基准，大型超市的销售额和销售额指数以非常快的速度在持续增长，与 1995 年的 2.0，2000 年的 31.4，2009 年的 70.4 相比，呈现出倍增的局面。但是从 2013 年开始，大型超市的卖出额和销售额处于停滞状态，进入典型零售市场的成熟危机时期。在许多先行研究中，提出解决这个成熟期危机的方法之一就是生产 Private Brand，即 PB 产品。PB 产品是针对来到卖场的主要顾客进行开发的产品，因此可以说销售潜力比 NB 产品要大。换句话说，PB 产品具有优越性，它可以灵活应对消费者的消费行为和市场趋势变化及经济形势的好坏，从而实现产品的开发，并与竞争店铺相比较，具有利用率大的优点。PB 产品可以提高消费者自身的店铺忠诚度，它是反映顾客潮流的特殊市场消费者偏好的产品，对零售商来说，可以说是在市场上赢得顾客青睐的一种非常好的手段。

作为零售商的自主品牌，PB 产品与消费者的接触点十分紧密，受到了百货商场、大型超市、网络购物店和便利店等多方面广泛的关注。1980 年以后国内开始重视和开发 PB 产品，1995 年以后以大型流通企业为中心、2000 年以后以便利店为中心开始正式开发 PB 产品，但是消费者真正开始认识到 PB 产品的存在是在 2000 年以后。对大型超市 PB 产品销售额的计算是根据调查机关的不同而有所不同的，新世界流通产业研究所在 2011 年发表的以 2010 年为标准的资料中，永辉超市 PB 产品的销售额达到了 2800 万元，世纪联华超市达到 1800 万元，华润万家超市推算为 1200 万元。我国消费者研究所在 2011 年发表的资料中，华润万家超市的销售额为 1400 万元，大润发超市则达到 9620 万元，世纪联华超市的销售额为 7067 万元。

消费者对 PB 产品的基本认识是，PB 产品信赖度低，而且经常让持有者接触到品质比较低和价格低廉的商品。在先行研究中，大型流通企业对 PB 产品的营销战略并不积极。但是，目前大型超市的销售额中占很大比重的流通企业的商品并不是过去消费者认为的品质低、价格低的商品。消费者研究所（2011）的调查结果显示，PB 产品的局限性和市场对 PB 产品的期待，作为希望开发和上市的 PB 产品，希望价格低廉的消费者占 38.7%，而作为特殊定制商品的消费者占 31.3%，有机、环保商品的分布情况为 28.2%。这意味着，只有价格低廉、质量好的产品，消费者才会更加关注。另外，大型超市不仅具有特色化，销售特别的商品，还销售从食品和生活用品到普通家电用品等多种多样的商品。据消费者研究所 2011 年发表的资料显示，世纪联华超市、大润发超市和华润万家超市国内三大大型流通企业的 PB 产品种类已经达到了4.61 万种。在很多先行研究中，将 PB 产品视为一体，例如服装（崔成植，金判镇，李尚允，2011）和农产品（崔俊植，金喜杰，卢成勋，崔明来，李钟仁）。换句话说，不同消费者对 PB 产品的认识和购买意图或购买行动可能存在着差异，因此，在市场中 PB 产品的影响力显得越来越大，可以说有必要对 PB 产品进行分类即详细的研究。

我国对流通企业品牌的研究在 2000 年前期正式开始。在许多先行研究中，作为影响流通企业品牌产品感知价值的先行因素有熟悉性、对产品感知的价格、店面形象和对产品的感知风险等因素（朴振勇，郑康玉，2003）。朴永根、金昌完（2002）对感知的价格和信息探索、经验及感知品质进行了详细的研究，提出了品质敏感度、品牌忠诚度、信息探索量等变量并进行了后续的研究。但现有的研究中影响 PB 产品感知价值的因素主要涉及零售商品牌产品的熟悉性、店铺形象、感知质量和感知风险等因素。具体来说，感知价值应该进行细分化，即感知价值分为经济价值和感性价值两个方面。在先行文献中关于 PB 产品的选择性因素和感知价值之间存在怎样的影响关系的研究是非常不足的。

第二章　PB产品概述

第一节 PB 产品的概念

PB 产品是流通企业将产品单独或与制造业品牌合作开发后，该产品贴上零售商的牌子，只在自己的零售店单独销售的产品。或者，PB 产品限于自营店面销售，因此可以通过低制造成本、简单的包装来降低广告成本，减少流通环节，从而达到节约成本的效果。PB 产品通常被用作与制造企业品牌（NB：National Brand）相比较的概念。NB 产品是大型制造企业自行开发的产品，拥有单独的商品名、商店、产品质量和产品概念等，是面向所有消费者提供的产品。NB 产品以销售给所有消费者为目的，进行大规模生产，通过大众媒体等手段来进行广告宣传，从而提高了商品的知名度和消费者对其的认知度。与此相反，PB 产品是流通企业自己企划和制造，并陈列在自己卖场上的产品，因此与 NB 产品相比，PB 产品可以获得较大的利润，但由于库存负担完全由流通企业自己承担，因此很有可能造成重大损失。最近，随着流通企业的大型化，产品的价格不断受到破坏，在价格破坏的趋势中 PB 产品被定位为消费者、制造企业和流通企业都希望购买或销售的产品。因此，PB 产品的规模在不断的扩大。PB 产品的概念如表 2 - 1 所示。

表 2 - 1 PB 产品的概念

研究者	概念
Schutte（1969）	流通企业委托制造企业进行产品的生产，并贴上流通企业商标的产品
McGoldrick（1984）	流通企业自行承担风险，自行对产品进行计划、生产或委托生产，并贴上自己的商标，在自己店铺里进行销售的产品
Shapiro（1993）	流通企业贴上自己固有的商标，只在本店铺和卖场里销售的产品；与广泛流通的大型制造企业商标不同，具有独自概念和形象的产品

续表

研究者	概念
野口智雄（1997）	大型流通企业转包给制造企业生产的产品贴上大型流通企业的品牌或商标，或者是指大型流通企业直接企划或开发的产品
Lewison（1997）	与所有制造商都能销售的制造企业的产品截然相反的概念。由流通企业拥有所有权并自行开拓市场销售的产品
李正姬（2007）	流通企业与制造企业合作，自主开发的自有品牌产品，价格比 NB 产品平均便宜 10%～30% 的产品
郑容贤（2008）	大型零售企业为了保持自己的利润和竞争力而赋予其所有和销售的产品的品牌
李英哲（2009）	与自己卖场的特点和顾客倾向相适应的，由流通企业自主开发的品牌商品

消费者在缺乏产品知识时，往往依赖品牌来判断产品品质的高低。因此，信奉品牌美誉度的消费者对品牌忠诚度和知名度较弱的 PB 产品持否定的态度（Tuker，1964）。另外，根据人口统计特征的不同，对产品所持有的态度也会有所不同。收入越高的消费者，对 PB 产品的偏好越低，家庭成员越多，就越喜欢 PB 产品。对 PB 产品越熟悉，即当对 PB 产品的感知价值超过对其感知风险时，就越偏好于 PB 产品（Richardsonetal，1994）。

PB 产品具有以下优势：第一，如果因品质提升效果导致销售商品高级化，商品的内容及生产者——零售商本身的信赖感就会得到提高。因此，流通企业的高级品牌商品的形象正在提升，与制造企业的品牌产品有着同等的信任感，PB 产品成长为与 NB 产品相比毫不逊色的商品。第二，随着流通企业形象的不断提升，消费者认为，规模大、形象好，负有社会责任的企业没有理由生产和销售错误的商品。所以，PB 产品的市场正在逐渐扩大。第三，在信息传播的效果下，零售企业品牌的商品知名度在不断提高，借助口传的信息会进一步扩散，所有消费者都会购买所知道的商品，这会给消费者带来极大的信心。第四，未来零售企业会通过多种渠道及连锁店数量的增加，使消费者购买或了解零售企业品牌商品的机会越来越大。

第二节 PB 产品的现状

随着国内流通环境的变化和流通市场的开放，外国的流通企业进入国内，导致国内消费者的消费趋势产生了巨大的变化，国内的流通市场也发生了翻天覆地的变化。由于经济发展的滞后，消费者普遍喜欢价格低廉的产品，消费者的购买意识以及消费者行为的变化对国内流通市场也产生了较大影响。

在 PB 产品开发的第一阶段，由于 PB 产品是质量较低的功能性产品，与 NB 产品相比，价格平均便宜了 10%～30%。由于流通的简单化，顾客可以以更低廉的价格购买与 NB 产品品质相似的产品，流通企业通过 PB 产品，作为与竞争企业差异化的独特亮点。在 Stern 等（1996）的研究中，当经济处于衰退期时，消费者的实际收入会减少，这时消费者会更喜欢价格低廉的 PB 产品。这是对早期 PB 产品的说明。

第二阶段是 PB 产品的质量和 NB 产品相似，但比起 NB 产品，PB 产品的价格更低廉。这说明消费者对 PB 产品的认识发生了变化，流通企业所涉及的 PB 产品种类和数量也在大幅增加。另外，PB 产品企划和生产的主体从过去的制造企业逐渐转变为熟悉和理解消费者潮流的流通企业。

第三阶段是高端 PB 产品的推出。这种产品是比 NB 产品质量更好的产品，与 NB 产品的价格相当或者低于 NB 产品，通过性价比来与 NB 产品竞争。消费者逐渐摆脱了过去冲动式的购买形式，具有了明确的购买意识，逐步发展为在购买任何产品之前，都与其他产品进行仔细比较的购买形式。

也就是说，随着消费者消费观念的变化和大型流通企业店铺数量的增加，间接促进了 PB 产品市场的扩大，最终 PB 产品市场的扩大将反映消费者的喜好以及市场的变化趋势。近年来，PB 产品的发展，灵活地应对了消费者收入的变化和消费模式的变化，流通企业通过开发新商品、扩大市场供给和销售，来满足消费者的多种需求，从这一点看，PB 产品正在成为一个夹缝市场。

观察 PB 产品的细分市场倾向，我们可以看出，PB 产品是与 NB 产品相比，品质好一些、价格差不多的产品，过去集中于一种功能，现在推出多种功能的最低价格的产品、从高价格到高品质两种属性兼备的高端产品。从这些 PB 产品的发展过程来看，一开始 PB 产品以比厂商品牌便宜的价格作为竞争力来接近消费者。但与消费者直接接触的零售商具有易于掌握消费者的购买模式和趋势的优势，早期具有流通过程简单化的 PB 产品，更善于把握消费者的心理和趋势，从而达到最佳的零售选择。发达国家引进大型流通企业的时间要比我国早，可以说 PB 产品是大型流通企业店铺的主要产品，同时也是消费者主要购买的商品。Nirmalya 等（2007）的研究中，沃尔玛的 PB 产品占40%，家乐福的 PB 产品占 25%，TESCO 达到 50%，可以说规模相当大。金俊焕、金贤顺（2013）的研究中，确认了从 2007—2012 年全世界 PB 产品的销售额增加了 25%，瑞士流通企业 PB 产品比率将达到 45%，英国为 40.8%，西班牙为 40.6%，法国为 28.3%。根据我国消费者研究所（2011 年）的调查，只有 10.9% 的消费者不知道 PB 产品或完全不了解 PB 产品，因此 PB 产品被消费者广泛认识，PB 产品种类繁多。以国内大型超市世纪联华、大润发和华润万家为例，虽然各企业的产品商标有所差异，但价格低廉，与 NB 产品具有同等品质的 PB 产品的数量世纪联华 20 000 多个，大润发 9000 多个，华润万家 5500 多个。大型超市的 PB 产品如表 2 - 2 所示。

表 2 - 2　大型超市的 PB 产品

区分	易买得 PB	Homeplus PB	乐天玛特 PB
PB 品牌	1. 一般产品：最低价，实惠产品 2. 中等产品：好品质，好价格 3. 畅销 PB：高级 PB	1. 一般 PB 产品：价格最便宜 2. 质量好又不错的商品 PB：与 NB 商品同级 3. 优质 PB：高级 PB	1. SAVELPB：低价格 2. CHOICELPB：与 NB 商品同级 3. PRIMELPB：高级 PB 产品
商品数	20 000 多个	9000 多个	5500 多个
销售比重	2 兆 8000 韩元（25%）	1 兆 8000 韩元（27%）	1 兆 2000 韩元（23%）

PB 产品的种类很多，包括服装、生活用品、普通食品和普通家电等多种产品，PB 产品可以接近消费者并进行销售，根据消费者研究所 2008 年发表的资料，以销售为基准的一般食品所占比重最高，之后依次是卫生用品、一次性用品和洗涤剂等生活用品；厨房清扫用品、浴室清扫用品和普通家电所占的比重最低。

第三节　PB 产品的先行研究

自 21 世纪后期以来，有关 PB 产品的研究主要是与消费者的采购行动有关，并得到了很好的发展。首先，对有关消费者偏好特性进行研究。韩国的金正仁、李载学、韩圭白（2007）对消费者在京畿地区大型超市销售的 PB 产品偏好特性进行了研究，研究结果显示，根据地区不同，消费者在使用大型超市时存在着明显的差异。据调查，在大型超市购买的商品类型中，加工食品、新鲜食品、生活用品、服装和普通家电用品等商品存在着重大差异。另外，消费者对 PB 产品要求的改善事项或希望进一步扩大的产品种类中，根据地区的调查，存在着很大的差异。黄成赫、李正熙、具滋成（2008）在对 PB 产品和 NB 产品属性消费者喜好度的分析研究中，认为一般消费者在购买产品时，对品牌的属性并不是很重视，而产品的质量是消费者最为重视的。调查时，由于PB产品在流通市场上正式上市不久，消费者对PB产品的认知度并不高。黄成赫、李正姬、卢恩静（2010）的研究中，研究了人口统计学的特性及访问特性，以及企业的类型与购买意图之间的关系，研究结果对产品的使用频率影响最大。

王一雄、江沧东（2011）的研究认为，大型超市PB产品的感知质量对客户产品的偏好具有积极影响，还证明了产品属性和零售商属性对感知PB产品质量产生积极的作用，这种感知价值在商品的质量认识和客户对商品满意之间具有媒介效应。金文静、吴英爱、金基洙（2011）研究了流通企业对消费者感知的PB产品态度的影响，研究显示流通企业的形象对PB产品消费者的态度产生积极的影响。

近年来，在对PB产品的研究中，出现了许多关于关系持续意图或采购意图等实质性采购行动或忠诚度影响的研究。柳贤美、朴钟哲、金在旭（2008）的研究确认，对制造企业和流通企业的信任度对流通企业品牌形象和感知的商品质量产生积极的影响。该研究指出，对零售商的信任度不仅影响零售商品牌或商标的感知品质，而且直接影响其对产品的态度及购买意向或购买行动。感知的产品质量影响着产品的购买意图，同时也对产品态度的媒介产生了影响力。晋昌县（2011）认为，PB产品品牌认知度、品牌形象、感知品质对购买意图产生影响，购买意图又对产品忠诚度产生影响，同时还对购买意图的媒介作用进行了验证。经研究确认，感知品质对产品的购买意图具有相当大的影响力，产品的购买意图对产品的忠诚度有着积极的影响。根据林采宽（2012）的研究，通过消费者对PB产品的感知特性对关系持续程度的影响的研究，得出了感知质量、品牌形象及感知价值，对品牌的信任及对品牌的资产产生了积极影响的结果，同时也得出了超市的品牌形象对品牌的信誉不产生影响的结果。特别是在品牌形象及感知价值——经济价值和感性价值，以及关系持续意图之间的关系当中，品牌信赖及品牌资产起到了媒介效应的作用。权在宇、李亨宰（2014）表示：消费者对不同品种PB产品认知的差异对商品购买行动产生的影响力也会存在差异，与人口统计学因素相比，生活方式更能说明消费者对PB产品所认知的差异。PB产品相关主要先行研究如表2-3所示。

表2-3　PB产品相关主要先行研究

研究者	内容及研究结果
金正仁、李载学、韩圭白（2007）	根据地域和性别的不同，在使用流通商店方面存在差异 购买较多的商品类型（加工食品、新鲜食品、生活用品、服装、普通家电用品）的各地区消费者的认知差异 消费者要求改善的事项，应扩散的商品类型的各地区之间的认知差异
黄成赫、具滋成（2008）	消费者在购买产品时，对品牌属性并不看重，认为最重要的产品属性就是质量
柳贤美、朴钟哲、金在旭（2008）	对制造商和零售商的信任对零售商的品牌形象和感知的商品质量产生影响 对零售商的信任，不仅对零售商品牌或商标的感知质量产生影响，而且对产品的态度及购买意图或购买行动有着直接的影响 对制造商的信任只对零售商品牌形象产生直接影响
黄成赫、李正姬、卢恩静（2010）	根据人口统计学特性及访问特性，以及消费者对产品的使用频率等因素，验证了不同的消费者特性对PB产品的购买意愿是不同的
王一翁、姜昌东（2011）	产品属性和流通企业属性形成了PB产品感知质量，从而形成对此类产品的质量认识与消费者对产品满意之间的媒介效应
金文静、吴英爱、金基洙（2011）	研究了企业对零售企业形象对消费者感知的PB产品态度的影响，流通企业的形象对PB产品消费者态度产生了积极的影响

研究者	内容及研究结果
崔成植、金判镇、李尚允（2011）	关于服装的 PB 产品的事例及现状研究
陈昌贤（2011）	PB 产品的品牌认知度、品牌形象、感知的质量形成购买意图，购买意图对产品忠诚度产生影响的媒介效果
林采宽（2012）	消费者对 PB 产品的感知特性对关系持续意图所产生的影响 感知质量、品牌形象及感知的价值，对品牌信誉及品牌资产的影响 品牌信誉和品牌资产对关系持续意图产生的积极影响 品牌形象及感知的价值，即经济价值和感性价值，以及关系持续意图之间的关系，品牌信誉及品牌资产因素在这些关系中具有媒介效应
崔俊植、金会杰、卢成勋、崔明来（2013）	通过在三个大型超市 PB 农产品的购买，得出消费者重视的因素后，利用群集分析把消费者分为"对品质敏感的集团""中立的购买集团""对品质和服务敏感的集团"等
金德贤、河智苑、李承铉、朴正云（2014）	影响 PB 品牌信誉的因素有质量，有感知的价值 对 PB 产品的采购意图或采购行动的影响，包括感知的价值、感知的质量以及品牌信誉 对 PB 产品的品牌形象（对苹果 PB 产品的认知度、差异性、代表性），不影响对品牌的信任和购买意图或购买行动
权在宇、李亨宰（2014）	由于不同品种 PB 产品的不同，消费者的生活方式对 PB 产品的购买意图和购买行动的影响力存在差异 与人口统计学特点相比，生活方式对 PB 产品认知的差异

第四节　PB 产品与 NB 产品的比较

PB 产品的定义可以从与 NB 产品的差别化层面进行梳理。在 Shapiro（1993）的研究中，PB 产品是给流通企业贴上固有商标，只在本公司店铺内销售的商标产品，是不同于在全国范围内进行广告宣传和流通的有大型制造企业商标（NB）的具有独特概念的产品。Lewison（1997）说，PB 产品是所有大型零售商都能销售的产品，是与大型制造商自有商标相反的概念，是指大型零售商对商品拥有所有权，开拓市场销售的产品或服务。对零售商品牌（PB）和厂商品牌（NB）的区分，与在渠道成员中谁的责任下将产品陈列在店铺中销售有关（Stern，El – Ansary & Brown，1996）。NB 产品是一种在新产品上贴上制造企业自己的商标进行销售的产品。所以，厂商在自有资金实力强、有企业组织管理能力的情况下，使用 NB 品牌。相反，PB 产品是由批发零售商转包给制造企业，在生产的产品上贴上流通企业商标的产品。

McMaster（1987）说，PB 产品和 NB 产品之间存在差异，一般而言，NB 产品的质量优于 PB 产品。零售商商标与厂商商标之间的价格差异直接影响着零售商商标的市场占有率（Raju，Sethuraman & Dhar，1995），比较消费者对零售商商标和厂商商标的感觉，前者很可能提供比后者更高的质量（Swan，1974）。

消费者更青睐 NB 产品的原因是，在质量、外形和标签等方面，零售企业的产品不如制造企业的产品（Cunningham，et al，1982；Bellizzi，et al，1981），厂商商标的质量感知不是由内在因素（intrinsiccues）而是由外在因素（extrinsiccues）决定的（Richardson，et al，1994）。特别是当经济不景气时，消费者的购买欲望弱，比起 NB 产品，消费者更喜欢价格低廉的 PB 产品（Messinger & Narasimha，1995）。PB 产品与 NB 产品的比较如表 2 – 4 所示。

表 2 - 4　PB 产品与 NB 产品的比较

区分	制造企业产品（NB）	流通企业产品（PB）
运营	制造企业	流通企业
销售对象	全国消费者	访问零售商店的消费者
生产方式	制造企业自己生产	零售商直接生产或者代加工
优点	消费者的商标认知度和商标忠诚度很高，便于销售品质管理，库存负担小	价格便宜，收益率高，零售商有很大的价格决定权
缺点	低收益率，零售商没有价格决定权	零售商库存负担大，商品开发带来的初期投资资金压力大，品质管理难，消费者的品牌认知度低

　　王一雄（2010）表示，从消费者的角度来说，PB 产品可以获得低廉的价格，提供优质的商品，从零售商的角度来说，可以与竞争对手有所区别。通过差别化，可以获得比 NB 产品更高的利润以及对制造企业的支配力，提高消费者对店铺的忠诚度。PB 产品和 NB 产品一样，需要消费者和供应商实现双赢的商业模式。换句话说，当所有经济行为都是经济参与者与利益相关者共同分享利益时，就会形成持续的交易关系。当单边的利益持续存在时，就很难形成健康持久的关系。站在消费者的立场上，作为消费者利益最大化的权宜之计，我们看到了 PB 产品；站在流通企业的立场上，通过降低成本，实现利润最大化，就出现了 PB 产品这样的营销手段。

第三章 产品的选择性因素

很多先行研究对于影响流通企业品牌的变量——选择因素、信任和购买意向等结果变量的关系进行了大量的研究。Zeithaml（1988）说，知名度不高的 PB 产品，由于缺乏商品或商标的信息，想以店铺的形象来降低风险，即通过店铺形象影响 PB 产品的购买行动。Patti 和 Fisk（1982）表示，感知价值、感知危险、质量感知等是影响 PB 产品偏好度的变量，关于 PB 产品的偏好倾向，他表示这些变量比起单纯依靠人口统计学变量的个人特性来解释购买行为更为合适。金德贤等（2014）研究了大型超市 PB 产品的品牌形象、品质水平和感知价值对品牌信赖和购买意图的影响。研究表明，质量水平影响品牌信誉和感知的价值，品牌信誉影响购买意图。在金敏智（2010）的研究中，影响大型超市 PB 服装购买行动的选择因素，包括购物倾向、店铺形象、风险认知和产品评价等因素。将影响 PB 服装购买行动的选择因素划分为满意度、爱好度和购买意图，研究消费者对 PB 产品的认识，使每个选择因素对购买行动和认识产生影响。在权永祥（2003）的研究中，把感知价格、店铺名声、感知价值、感知风险和感知质量等变量设为影响消费者购买 PB 产品的主要变量。研究结果显示，店铺名声、感知价值、感知危险和感知质量等因素对 PB 产品的购买偏好产生了一定影响。朴永根、金昌完（2002）表示，价值意识、经验、信息探索和质量认知等会对 PB 产品的购买喜好产生积极的影响。

本书参考了以往先行研究的结果，将熟悉性、感知价格、感知质量和店铺形象等作为选择变量。

第一节　熟悉性

熟悉性是指评价产品时根据要求和标准理解品牌、产品知识或技术。熟悉性是由消费者平时积累的产品的购买、产品的使用的经验来说明的，是一个人对某一产品的认知结构（Zinkgan & Muderrisoglu，1985）。另外，熟悉性可以定义为消费者记忆中的过去经验的认知表现（Markand Olson，1981）。Zinkhan 和 Muderrisoglu（1985）的研究也把"熟悉性"定义为个人对某种产品拥有的认知结构。另外，Johnson 和 Russo（1984）将熟悉性定义为特定商品类目内商标的事前知识，Luhmann（1988）将熟悉性定义为消费者通过经验和事前接触等对产品或服务所拥有的知识。根据 McGuirs（1978）的说法，我们认为，熟悉性不仅使接受者喜欢信息来源或产生吸引力，而且提高了信息来源和接受者之间的说服效果。另外，熟悉性是通过类似的媒介或事物将自己与该媒体等同化的核心要素。因此，熟悉性是一种以经验为基础的认知结构，是选择产品的重要标准，具体地说，它与选择属性有关联，是非常重要的属性。

熟悉性是消费者认知记忆中有别于回想的一个思路认知过程。该过程与认知过程中有意识地产出细节信息的回想有所不同，熟悉性可以说是一种对信息产出的"知道感"，它是一个快速和自动化的加工过程（Yonelinas，2002，forareview）。在 Engelkamp 和 Dehn（1997）的研究中首次采用"记得"与"知道"两种分类方法对"熟悉性"和"回想"进行了一定程度的分离，对 SPT 效应有着重大的贡献。在很多学者的实验中，采用先行研究中旧与新判断任务的两种方法，在先行研究和实验的基础上对"知道"和"记得"两种认知过程进行了明确的分类，很多研究结果发现 SPT 编码中的"记得"要显著高于 VT 编码的"知道"。由于在很多试验中把"记得"与"回想"判断为一类，因此"回想"过程的编码也显著高于"知道"的编码。"记得"指的是对提取的信息细节能够很快地回忆；"知道"指的是对信息的细节无法进行产出，但是存在一定的熟悉感。"记得"与"知道"实际反映的是一种提取记忆的过程，该过程与"熟悉"和"回想"有着本质的不同（贾永萍，周楚，李林，郭秀艳，2016）。被试者有时候虽然是处于"记得"的范畴，却提取不出信息的细节（Yonelinas，2002，forare - view）。从某种程度上来说，"记得"和"知道"模式无法真实地对"熟悉性"和"回想"进行进一步的测量。目前，在很多学者的理论研究中都对 RWCR 理论进行了一定程度的解释，该理论是一种基于熟悉性的再认知。对于信息的提取过程，即在熟悉性的理论研究方面存在两种观点：一是再确认记忆的单加工模型（single - processmodels，简称 SPM；Diana，Reder，Arndt & Park，2006）和双加工理论（dual - processtheories，简称 DPT；Yonelinas，2002）的早期观点（如 Atkinson 模型和 Mandler 模型），这两种加工模型存在着一定的缺陷，即该两种模型仅涉及浅层次的认知过程，是一种比较模糊的记忆形态，而对于深层次的感知和语义加工其实并不敏感也没有涉及；二是 DPT 的近期观点（如 Jacoby 模型、Tulving 模型和 Yonelinas 模型），该模型说明了"熟悉性"和"回想"是两种彼此独立的信息提取，对"熟悉性"和"回想"也没有做更深入的研究，只是对信息提取进行了表面化的感知加工和语义加工（Brown & Aggleton，2001；Yonelinas，2002；Cleary & Specker，2007；Aly，Ranganath & Yonelinas，2013）。可见，在熟悉性能否反映深层次语义加工的问题上，以上两种模型不论是在学术上还是在现实中都存在很多的不足。

针对以上所阐述的不足，很多学者对熟悉性进行了大量的研究。研究结果发现，熟悉性对单个信息的提取能够进行完整的诠释（Yonelinas，2002；Cleary，2004；Cleary & Reyes，2009），而且在一定的编码条件下，熟悉性也能够充分地说明信息提取和语义加工之间的关系（Yonelinas，Aly，Wang & Koen，2010）。更深入的研究还发现，熟悉性是认知过程与加工过程的合理搭配，它能够反映单个信息产出的范围和整体信息的语义与空间结构之间错综复杂的关系，有利于对信息的认知进行暂时的保存（Cleary & Greene，2000；Cleary，Ryals & Nomi，2009；Kostic，Cleary，Severin & Miller，2010；Ryals，et al，2012）。很多研究还认为，记忆的提取是由熟悉性（familiarity）和回想（recollection）两个过程组成的。两者的区别在于信息产出过程中的体验和经验，当人们见到某个人或者遇到某件事的时候，对这些情景非常熟悉但无法提取出相关的信息细节时，其所产生的认知过程就是熟悉性过程；当人们不仅能够对某种信息的细节进行产出，还可以对该信息的相关背景进行仔细的提取时，其所产生的认知和感知过程就是回想过程（Yonelinas，2002）。很多学者根据数据模型将回想过程进行了不同层次的划分，分为回想记忆和非回想记忆两大类，回想记忆的信息提取量和信息提取速度要远高于非回想记忆的信息提取量和信息提取速度。

在 Hastie、Schroeder 和 Weber（1990）的研究中将熟悉性定义为人们对某种事物的回想和记忆的过程，为符合范畴的判断和语义的提取提供了前提条件。在其研究中，被试验者要对各自符合范畴的判断和语义的提取进行一定程度的评价和判断。例如，常见的符合范畴有职业、兴趣等词语。不管是常见的符合范畴还是不常见的符合范畴，对同一特质而言，都是具有一定空间范围和空间结构的具体评判，这就表明常见的符合范畴的判断更多地依赖于熟悉性，而不常见的符合范畴更多地依赖于回想。

尽管对于熟悉性和回想符合范畴的研究主要是从空间结构的角度去进行具体和系统的分析，但当对熟悉性和回想符合范畴进行判断和评价时，有更多的符合范畴是被忽略的，从而导致判断准确性的失真，以及回归分析的参数估计（如自变量对因变量产生影响时，会存在一定的误差，这种误差就是被忽略的符合范畴）。但是，也存在两种相似类型的符合范畴被参数估计，这时被忽略的符合范畴就会出现重叠，误差会进一步扩大（如一名女性教师代替一名女性公务员）。在这些研究中很少有关于样例内容策略的研究，原因极有可能是研究者选取了自己不熟悉的领域。那么，对于符合范畴而言，研究者对于这些认知过程的表现还是比较抽象的。在 Brewer 和 Smith 的研究中，两位学者所提出的模型可能都是正确的，只是根据不同的情况使用不同的模型而已。大量的研究表明，当消费者对于符合范畴不熟悉时，消费者的心理判断就会基于样例而进行，但当随着消费者符合范畴熟悉度的增加，其样例的使用率就会逐渐减少。

具体而言，对于不熟悉的符合范畴才会使用标本，而当消费者具有了比较系统的知识时，这时所使用的符合范畴一般都是回想或者记忆。虽然有很多研究都已经验证了符合范畴的表面现象，但是很少有学者对熟悉性和符合范畴之间的关系进行具体的研究和验证（Medin & Rips，2005；Rips，1995）。这是因为绝大多数研究没有考虑零熟悉性与符合范畴的判断本质。当消费者的熟悉性与符合范畴处于零时，这时对于消费者而言就不存在任何的认知经验和体验。在零熟悉性水平下，重要的是如何对从未结合过的两种或两种以上的概念进行集合，并产生新的知识。在这种情况下，符合范畴的知识必须有意识地从符合范畴的构成范畴中获得。

很多学者认为，符合范畴样例的先验知识对某种概念的理解会产生一定程度的阻碍。Sherman（1996）对熟悉性的符合本质进行了一定程度的研究和考察，他也提出标本样例是当人们对于事物不熟悉时所产生的一定程度的评价与判断。在他的研究实验中，被试者被告知一个以前没有接触到的新鲜事物，这时当被试者提取关于新鲜事物的信息时，就会不停地对标本样例进行搜索和回想，试图提取出与之相类似的信息。然而，当被试者对某一事物能够提取充足的信息时，这时基于标本样例的判断就会自动地消失。此外，如果一开始告诉被试群体信息的全部内容，被试者首先就会考虑事物的具体形象，这时就会自动避开具体形象的标本样例，而会呈现出一定的抽象事物，这时就属于熟悉性的范畴。

在现实生活中，"熟悉"这个词一般读者会经常使用，与读者的关系是非常密切的，同样对读者产生的干扰性也有可能是最大的。很多研究指出，熟悉的事物或材料非常容易引起个人的注意，而人们自己所拥有的知识体系中与熟悉性相关的信息更是不胜枚举（徐文俊，2013）。由于熟悉的信息会对个人的经验产生一定的作用，而这种作用在现实生活中有可能被更多的群体所激活，能造成更大的干扰。根据节点结构理论（Burke & Shafto, 2008），如果一个人的语言经历丰富，那么他肯定会拥有一个非常丰富的语言网络，这时容易造成对周边结构的影响，进而降低阅读的效率和兴趣（Talyor & Burke, 2002）。另有研究认为，与不熟悉的信息相比，人们对熟悉的信息进行加工的欲望更强，更容易引起人的注意，从而对人们造成更大的干扰。在 Williams 和 Morris（2004）的研究中发现，相对于不熟悉的事物而言，熟悉的事物在人们脑海中停留的时间更长，更容易被加工。

品牌熟悉度指的是消费者积累的与产品或品牌相关的认知或经验，是消费者对产品或品牌的直接或间接的认知程度和理解程度，以及评估产品或品牌质量能力的关键表现。还有的研究指出，品牌熟悉度是消费者对某种产品的一种深刻的印象，是消费者与品牌产生的直接或间接的经历程度。它代表了在消费者记忆中产品品牌的深刻印象。在先行研究中关于熟悉性的研究因素包括购买意愿、广告效果和购买风险等因素。相关研究发现，品牌熟悉性对品牌信任感和购买意向都产生了积极的影响，品牌熟悉度越高，消费者对品牌的信任就越强，对产品的购买意向也就越明显，还验证了品牌信任的中介效应，即品牌熟悉性通过品牌信任对品牌购买行为产生间接的影响关系。

因此，本书所阐述的品牌熟悉度，是对品牌知道的程度，同时也验证了产品类型对它的调节作用。品牌熟悉度是用来衡量消费者对产品品牌的知道程度和感知认知程度的重要指标。品牌熟悉度越高，说明消费者拥有关于该产品品牌的知识和经验越多，那么消费者对产品品牌的态度也就显得越积极，所以品牌熟悉度对品牌态度有着显著的积极影响。根据先行研究的理论，人们对某种事物的态度越积极，他从记忆中提取该事物的相关信息就会越丰富。消费者对某种产品品牌的熟悉度越高，他从记忆中所产出的关于该品牌的相关信息越多，这时所需要的时间和精力就会越少。

当消费者所熟悉和喜爱的产品品牌出现负面问题时，消费者会在脑海中自动提取关于该产品品牌的正面的经验和知识，从而避开消极的信息处理，以此来减少负面问题所带来的负面影响，所以消费者对自己所喜爱和熟悉的产品的态度是非常难以改变的，这也是品牌熟悉度的魅力之所在。当消费者所不熟悉的和不喜欢的产品品牌出现负面问题时，消费者由于不关注这类产品，所以缺少对这类产品的判断经验，品牌态度就很容易受到负面问题的影响，这时的态度依旧是负面的。Gibson（2008）认为，消费者所熟悉和喜爱的产品品牌不容易受到外界环境的影响。Lafferty（2009）的研究中证明了消费者对于熟悉的产品和不熟悉的产品的态度是不同的，会存在一定的差异，即对于熟悉的产品品牌的态度会显得更积极，而对于不熟悉的产品的品牌的态度就不那么积极了。戢芳（2013）等人在其研究中指出，当消费者面对自己喜爱和熟悉的品牌时，负面模糊口碑对其品牌态度所产的影响更为显著。

品牌熟悉度不仅是消费者对产品品牌的经验和知识，同时也是对品牌符合范畴的一种认知活动。Alba 和 Hutchinson 的研究认为，熟悉性不仅对信息回忆、信息利用产生积极的影响，还对信息的挖掘有着重要的作用，品牌熟悉度客观反映了消费者对购买产品品牌的经验和体验。Zajonc 和 Markus 的研究认为，熟悉性会引起消费者对产品的好感，当消费者对某种产品品牌熟悉时，其更容易对该产品产生好感。

也就是说，产品品牌熟悉度较高的消费者更容易产生对该品牌的复合性联想，从而对品牌态度产生影响。卢强和付华等的研究认为，消费者的品牌熟悉度越强，其社会权利对品牌态度产生的影响力就会越强，所以熟悉性在社会权利与态度之间有着积极的调节作用。事实上，当消费者经常通过各种手段直接或间接地接触或了解某个品牌时，就不经意间对该品牌产生了熟悉性，这种熟悉性会进一步加强消费者对该品牌的好感，进而对该品牌产生强烈的信任。

品牌熟悉度（Brand Familiarity）是消费者在一定程度上通过各种手段所获得的、直接或间接的、关于品牌的知识或经验，是消费者积累的有关产品的认知范畴和经验的反映。O'cass 和 Frost 的研究认为，品牌熟悉度是消费者的主观认知过程，即消费者对产品所产生的主观想法和认知。品牌熟悉度可以对消费者的信息提取和信息处理产生影响，即消费者对某种品牌的熟悉度越高，对该品牌的信息处理动机就会越低。从企业角度来看，消费者对某种品牌的熟悉度越高，则消费者对该品牌的选择程度就会越大，此时品牌熟悉度对消费者选择产生了积极的影响。所以，企业对消费者透露的品牌信息越多，消费者就越容易选择该品牌的产品。与熟悉的品牌相比，完全不知名的品牌是不太可能进入消费者的产品或品牌选择集内的，Wheeler、Sharp 和 Nenycz - Thiel 的研究认为，市场占有率低的产品品牌为什么没有进入消费者考虑的范围之内，其原因是消费者对于这类产品不熟悉，所以选择购买时为了规避风险，才没有选这类产品。

O'cass 和 Frost 的研究认为，消费者不会把品牌熟悉度和产品品牌的市场地位相关联，即消费者并不认为所熟悉的产品就会有很高的市场占有率。这一发现表明，消费者可以迅速地识别出自己所熟悉的产品品牌，并对产品品牌产生联想，但消费者并不一定依赖品牌熟悉度和其他方面的因素来对品牌做出相应的判断，也就是说，即使消费者面对不熟悉的或者不喜欢的产品，也不会影响其对陌生品牌的识别能力，而这一特定品牌很可能会因为其市场地位和产品性质而被消费者炫耀。与不熟悉的品牌相比，消费者更喜欢熟悉的品牌，因为熟悉的品牌是消费者花费时间和精力去了解而来的，所以对其有着更好的偏好度。由于消费者在提取信息时会出现缺少信息的现象，所以不熟悉的品牌可能不会被联想或被回忆，这是市场占有率低的重要原因。

零售品牌熟悉度（Retail Brand Familiarity）对消费者的品牌信息处理过程有着重要的意义，也是许多品牌延伸策略和活动成功实施的重要影响因素。很多学者对零售品牌的熟悉度进行了一定程度的诠释，即零售品牌的熟悉度是"消费者对零售品牌的直接或间接体验的程度"。它可以使消费者记忆中的零售品牌得到更丰富、更细致的呈现，并提供给消费者更多与品牌特征和标准有关的品牌知识，这些知识有助于零售品牌在与竞争对手的竞争中产生优势。

品牌熟悉度作为消费者购买产品的重要考虑因素，反映了消费者对某种产品的关心程度。熟悉度越高，证明消费者对该产品的信息收集程度越广，对其联想程度越深，品牌信息就越容易被消费者提取，同样就会加快对信息提取的速度。消费者对于不熟悉的品牌，提取信息的速度就会降低，符合范畴就会减少。品牌熟悉度与品牌信任之间，消费者偏好产生了积极的中介效果，即消费者的熟悉度越高，就越会对品牌产生好感，对品牌的信任程度也就越高，进而消费者的购买意向也就越高。

根据先行研究的相关性理论，消费者对于某种品牌的熟悉度越高，其对于信息的接受能力就越强，最终在脑海中提取相关品牌的信息时就越容易，对品牌产品的判断和评价就会越简单。在很多研究当中，品牌熟悉度对消费者的购买意愿产生了影响，品牌态度和联盟态度起到了积极的中介效果，而事业态度的调节效果也是很显著的。当品牌的熟悉度提高时，就会提升对某种产品的认知程度，同样也会改变消费者的态度。

根据 Lafferty（2009）的研究结果，得知品牌熟悉度是消费者通过各种直接或间接的手段而获得的关于产品品牌的有关知识和经验的认知，它代表了消费者脑海中的关于产品信息的记忆，并验证了品牌熟悉度对消费者的品牌态度、购买意向和企业态度之间的影响关系，这时的品牌熟悉度的调节作用并不显著。随着品牌熟悉度重要性的不断提高，熟悉品牌和不熟悉品牌的很多因素之间的差异性正在逐渐缩小。相较于熟悉度高的品牌而言，熟悉度低的产品在市场上开展营销活动时会显得更吃力，因为对于消费者而言熟悉度低的产品显得没有那么大的吸引力。熟悉度是指人们对于某种产品的认知程度，如果此类产品在消费者脑海中的印象清晰，那么消费者对其是熟悉的，如果是模糊的，那么消费者对其是不熟悉甚至是不关心的。

根据 Fazio 等人（1989）的研究，熟悉度对态度行为有着显著的积极影响。其中态度相关理论表明，个人对某种产品的态度越友好，就越容易从脑海中提取关于该产品的信息。因此，当接触到市场上熟悉的产品信息时，消费者就会很友好或者很容易地从记忆中提取关于该产品的相关信息，越是熟悉的事物，消费者提取信息的时间就会越短，花费的精力就会越少。

Bendapudi 等人（1996）的研究表明，当对某种事件的信息耳熟能详时，消费者就会给予该事件很大的支持。Lafferty 等人（2004）的研究同样也证实了，消费者的熟悉程度会对消费者的反应和印象产生显著的影响。当消费者非常熟悉某种品牌时，对于该品牌的相关内容就会产生很大的认知变化，从而也就确定了其认知范畴和符合范畴，导致所花费的时间和精力迅速减少。因此，在市场营销的活动中，当消费者认定某种品牌时，其关联度和影响力就会随之增加，这时对品牌态度的影响就会逐渐减小。与熟悉度低的产品相比，消费者对熟悉度高的产品所产生的空间结构会更加具体，消费者的品牌态度会更加强烈，而这时消费者对所熟悉的产品就会产生全新的联想集合和更宽泛的符合范畴，这时就会给消费者所熟悉的产品带来更加强烈的影响。

品牌熟悉度（Brand Familiarity）的相关研究显示，熟悉度高的事物容易引起或产生人们对其积极的判断，消费者很容易对比较熟悉的产品产生亲密感。早在 Park 和 Stoel（2005）的研究中就已经证实了品牌熟悉度可以降低消费者网购产生的感知风险程度，同样也可以提高对网购的使用意图。当人们面对全新事物时，如果没有足够的知识去判断或评价，很容易形成对该事物的感知风险。

相反，当人们对某种事物非常熟悉时，可以利用之前的知识或经验来对该事物的信息进行提取，从而获得相关信息，这时消费者所感知的风险程度就会降低。从以上观点来看，品牌熟悉度对消费者的感知风险程度有着负面的影响作用，即要想降低消费者的感知风险，就必须让消费者熟悉该产品。由于不同类型的判断对象将会调节情绪与事物的判断关系，当信任者与被信任者不熟悉时，信任者的情绪对被信任者信任水平的判断有着显著的影响；相反，当信任者与被信任者熟悉时，情绪与信任判断之间的关系就会出现不显著的现象。在营销领域里，一个新进入市场的品牌，如果消费者的自身情绪对新进入品牌的信任有着显著的影响，那么营销经理在新品牌广告诉求方面，就需要考虑如何引发消费者对产品产生相关情绪的问题。

企业只有良好的品牌形象和店铺形象是远远不够的，还需要让消费者知道品牌存在的意义是什么，让更多的人知道品牌的价值，从而来提高品牌在人们心目中的地位。虽然消费者不一定会碰到该产品，但是当真正碰到时，消费者会第一时间凭借产品知识和经验回想起该产品，从而促使其去购买此产品。因此，让消费者熟悉的产品品牌，不仅能够促使消费者的购买意图，还可以提高产品的市场占有率，增加企业的营业利润。

很多的研究表明，品牌熟悉度越高，产品广告对品牌态度产生的积极的影响力就会越强，即品牌熟悉度会对品牌态度起到一定的调节作用。国内外许多学者的研究都证明了，当消费者对某种品牌拥有很高的熟悉度时，消费者的广告态度会对品牌态度产生直接的积极影响。根据陈宁等（2001）的研究，品牌熟悉度是由消费者的周边路径信息所引起的，周边路径信息不是消费者自身关注的主要信息，而是在不经意间通过各种手段直接或间接地获取的信息。当消费者对此产品非常熟悉或者非常喜爱时，消费者提取信息的方式就会通过中心路径来对信息进行提取、加工或处理。

另外，还有许多国外的学者在研究品牌熟悉度的调节作用时，引入了重要的变量——品牌态度（即消费者在接受特定广告刺激前对品牌所持有的态度）这一变量。Edell Burke（1986）的研究表明，对于品牌熟悉度高的产品，之前消费者的品牌好感度对之后消费者的品牌态度产生的影响比广告态度对品牌态度产生的影响作用要大；当消费者面临不熟悉的产品时，即对不熟悉的产品而言，只有当消费者个人对特定的某种品类的产品有非常高的使用度时，消费者的广告态度对之后品牌态度的影响才会比之前品牌态度对之后品牌态度的影响大。但因为其所使用的用来测量广告态度、品牌态度的量表是单一条目的，这就降低了这两个变量的可信度。

在 Machleit 和 Wilson（1988）的研究中同样证明了，消费者对于其所熟悉的产品，受到产品广告的影响就小，这时消费者就会避开关于该熟悉产品的负面信息，而只对正面信息进行处理和加工。那么对于消费者已经拥有的品牌态度，就不会轻易地改变。对于不熟悉的品牌，该品牌的态度会受到广告态度好坏的影响，这里的广告态度是影响品牌态度的重要因素。当消费者对某种品牌完全不熟悉或完全不知道时，广告将会是其形成品牌态度的唯一途径或信息依据。他们还认为，在先行研究关于广告态度和品牌态度之间关系的文献是片面的，原因是这些研究没考虑消费者对之前产品的态度。

在很多的先行研究中，许多学者先把品牌态度作为调节变量进行分析，分析广告态度对消费者的购买意图产生的影响关系。分析结果显示，品牌态度越高的消费者，其广告态度对购买意图产生的影响程度越高，即品牌态度在广告态度与购买意图之间起到了积极的调节效果。然后再把品牌作为控制变量进行分析，分析结果显示，在不考虑品牌态度的状态下，广告态度对消费者的购买意图产生的影响力在 5% 的显著性水平下不显著。所以在今后的研究中，应该把先前的品牌态度考虑进去。然而，也有很多的研究表明，在熟悉性水平比较低的情况下，品牌态度的调节效果并不显著；而在熟悉性水平比较高的状态下，品牌态度的调节效果会很显著。

总结相关研究，我们不难发现很多的研究都证实了广告态度会对品牌熟悉度产生相应的影响关系，但是对于高熟悉度的品牌而言，由于消费者掌握了该品牌比较全的信息，所以具有一定的自信心，这时会在一定程度上避开广告的信息，因此几乎不会受到广告态度的影响。同时，国内也有很多学者对品牌熟悉性进行了研究，研究表明品牌熟悉性对品牌态度产生影响时，会随着个人情况的不同而有所不同，方向性是不一致的。所以，个人情况又是一个很重要的调节变量。

很多研究表明，品牌熟悉度在广告态度和品牌态度之间既起到积极的调节作用，又起到积极的中介作用，即随着品牌熟悉度的变化，广告态度对品牌态度产生的影响力是不相同的。另外，广告态度对品牌态度不产生直接的影响，而是通过品牌熟悉度间接地对品牌态度产生影响。广告态度先对熟悉度产生影响，然后再形成对品牌的态度。对于消费者所熟悉的产品而言，广告态度则不会对品牌态度产生过多的影响。Thorson 和 Page（1989），Edell 和 Burke 等人（1984）的研究认为，企业在做广告时，首先要选定消费者不熟悉的产品，通过广告先让消费者熟悉产品，然后才能形成品牌态度，这样才能达到事半功倍的效果。

Machleit 和 Wilson（1988）的研究认为，品牌熟悉度和广告态度对品牌态度影响路径的影响力是没有显著意义的，他们认为当消费者非常熟悉某种品牌时，是不会受到广告影响的，而是受到自身所了解信息的影响，并且已经形成的品牌态度同样会对消费者的广告态度产生影响，这在很多研究中被多次提到。在 Machleit 和 Wilson 的研究中，除了把品牌态度作为调节变量和控制变量以外，还把广告态度分成广告满意度和广告忠诚度。研究结果发现，对于熟悉的品牌而言，广告满意度和广告忠诚度对品牌态度产生的影响都是显著的；对于不熟悉的品牌而言，广告满意度对品牌态度产生的影响是显著的，而广告忠诚度对品牌态度的影响是不显著的。然而，即使对品牌态度进行了有效的控制，同样有学者验证了广告态度对熟悉性的影响关系。总的来说，很多先行研究对于不熟悉的品牌的研究结果较为一致，而对于熟悉品牌的研究结果，根据自变量的不同和中介调节变量的不同，会产生很大的差异。

根据研究的不同，品牌熟悉度的定义就会不同，品牌熟悉度大体是指消费者对所购买产品的了解程度和认知程度，是消费者脑海中关于产品品牌的知识集合。越是熟悉的产品，在消费者脑海中的知识集合程度越高。品牌熟悉度反映了消费者对某种品牌所具有的空间结构和知识符合范畴。消费者通过这种结构和符合范畴对所购买的产品进行判断和评价，空间结构和知识符合范畴范围越广泛，消费者的判断就会越精确。

根据记忆联想网络模型，消费者对某种品牌的情感是由知识网络空间结构中的各个节点组成的，如品牌名称、品牌形象和品牌满意度等。在这种网络模型构成中，当消费者对于某种品牌产生了一定的熟悉度时，其情感就会被迅速地提升，对该品牌的产品产生好感，进而形成一定程度的品牌态度。品牌熟悉度意味着消费者经常看关于该产品的信息，对该产品已经有所了解，与该产品产生了一定的情感，这时消费者脑子的空间结构就会变得丰满，知识范畴就会变得广泛，从而在一定程度上会提高消费者对产品品牌的评价和判断。

在 Vaidyanathan 和 Aggarwal 的研究中证明了，当消费者面临熟悉度低的主要产品和熟悉高的附加产品时，消费者对熟悉度比较低的产品的印象就会显著提高，这是受到了高熟悉度产品的影响，而消费者对熟悉度高产品的态度并没有发生变化，即这种产品相互的波及效果存在着一定程度上的不对称性，低熟悉度的产品品牌可以享受到高熟悉度的产品品牌所带来的更多的溢出波及效应，品牌熟悉度越高，消费者对该品牌的认知和认可程度就越高，在一定程度上也就很难改变在消费者心目中的地位，因此溢出波及效应对熟悉度高的品牌产生的影响也就越小。不同的品牌熟悉度，在存在着明显差异的情况下，溢出波及效应对品牌熟悉度低的一方产生的积极影响会更大。

品牌熟悉度反映了消费者积累的对品牌的直接或间接的体验程度，对于消费者的认知过程的形成具有不可替代的作用。有很多学者的研究证实，品牌熟悉度在广告态度和口碑之间既有调节效果，又有中介效果，即品牌熟悉度越高，口碑和广告对品牌态度产生的影响力就越强。广告态度不会直接对口碑产生影响，而是通过品牌熟悉度才能对口碑产生影响。

消费者在收到某种产品的一些信息时，就会很自然地把信息传递到脑海中，从而形成较强的信息符合范畴，随着信息储备量的增加，消费者对产品的态度也会发生很大的变化。当消费者面对这种熟悉的产品时，就会很快地从记忆中的符合范畴提取出相应的信息。Dawar 和 Lei（2009）的研究证明，当消费者没有接受到关于产品的有关信息时，其脑海中就没有形成与该产生相对应的信息符合范畴，这时消费者的态度就不会发生很大变化，同样也不会对更多的产品信息进行加工和处理，消费者也就无法提取出与该产品相关的知识。

Koschate Fischer 等研究发现，原产国形象对消费者的购买意图存在着积极的影响关系，当消费者的干预度过高时，品牌熟悉度对其影响关系起到了积极的调节作用；而当消费者处于低干预度时，品牌熟悉度对其之间所起到的调节效应在 10% 的显著性水平下是不显著的。很多研究发现，低干预度的消费者由于对产品缺乏关心，其信息接受程度就会比较低，在某种程度上就降低了品牌熟悉度的调节作用。

还有的研究发现，当消费者对某种产品的知识有了一定程度的了解时，凭借产品的知识就会很快地判断出产品质量的好坏，从而做出购买决策，在这种情形下，对原产国形象的认知会对消费者的购买意图产生间接的影响。当消费者对产品形象的认知不清晰时，原产国的产品形象可以促进消费者去购买某种产品，这时原产国形象就成为消费者购买决策的依据。

很多研究也表明，消费者品牌熟悉度对国家品牌形象与消费者感知、评价、态度之间的关系具有负向的调节作用。当消费者拥有较高的产品品牌熟悉度时，也就意味着他们掌握了该产品品牌的相关信息，这时他们可以通过所掌握的产品知识对产品做出购买决策，这时原产国形象对消费者品牌感知的态度所产生的影响就会大幅度减弱；而当消费者对某种品牌不熟悉时，他们也只能依靠原产国产品的形象来做出购买决策，这时的原产国形象对消费者所感知的产品态度产生的影响关系会增强。

很多研究者从不同角度对品牌的熟悉度进行了定义，有的从信息的加工和处理的角度去定义产品的熟悉度，有的从消费者的知识和经验的角度去定义，还有的学者从符合范畴的角度去定义品牌的熟悉度。但是出现最多的定义就是从知识的符合范畴角度去理解的研究，在这种定义里，知识符合范畴越广，就证明了品牌熟悉度越高，相反知识符合范畴越窄，品牌的熟悉度就越低。对于消费者而言，品牌的熟悉越高，所拥有的知识和经验就越丰富，其信息的处理和加工的速度就越快，知识符合范畴就越广，消费者的空间结构就越清晰；相反，熟悉度越低的产品，消费者对其的认知程度越模糊，对品牌的联想程度越缺乏，因此不能在消费者心中形成系统的认知结构。在低熟悉度品牌的情境下，消费者所拥有的知识比较少，无法建立起完善的空间知识构造，这时消费者对产品的情感系数会比较低，从而影响消费者对产品的判断。

根据相关模型的理论，当消费者对某种产品的印象比较模糊时，其信息的加工和处理能力就会降低。信息的加工和处理能力越差，消费者所付出的努力就会越多，此时可以通过启用空间处理模型来对陌生品牌进行认知和熟悉。当消费者的空间认知程度高时，消费者处理信息的途径是通过信息加工中心路径进行处理；而当认知程度低时，就会通过外围路径去处理信息。中心路径包括产品的质量、信息等因素；而外围路径则是广告、形象等外在的因素。

因此，当消费者面对某种产品时，情感处理和路径处理就显得十分重要。当消费者熟悉某种产品时，其情感或好感就会迅速提升，处理的方式也就会选中心路径；而当碰到不熟悉的产品时，情感会下降，处理方式也会由中心路径向外围路径转变。因而在成熟品牌情境下，非价格情感更能引起消费者的共鸣，从而产生再购买意图。拥有比较高的品牌熟悉程度肯定会让消费者的信息判断更加真实和精准。

根据信息反应的双因素理论（Two – Factortheory），当消费者对产品信息广告选择接受时，消费者对该产品呈现的是一种积极的态度，但随着熟悉度的持续增加，对信息产品的处理程度也会出现反转，这时的熟悉度就会对产品的购买意图产生一种外向推动力，从而促使消费者做出购买决策。

很多学者认为，品牌熟悉度就是中心路径和外围路径的一种有效的延伸，它可以有效地减少消费者对中心路径和外围路径的时间探索，以降低消费者所花费的时间和费用，这时会更有效地促使消费者做出购买决策。Petty 和 Cacioppo 的研究认为，如果没有较高的品牌熟悉程度，其信息处理和加工所投入的精力就会增加，这时消费者所花费的时间就会增加，消费者的品牌购买意愿就会降低。

品牌熟悉度指的是消费者关于该产品的知识和经验，包括直接获得的经验和间接获得的经验，间接经验如接触广告等，直接经验如与销售人员进行互动等。消费者所接受的广告信息根据熟悉度的不同，其结果是不一样的。有研究表明，当消费者对某种产品不熟悉时，他们将会对该品牌的知识和认知进行有效的学习，以便准确地形成对产品的印象和购买决策。

相反，如果消费者遇到自己比较熟悉的产品时，他们的信息处理和加工能力会有所提升。也就是说，这时消费者脑海中关于该产品的信息比较丰富，同时也会形成比较直观的空间结构和知识范畴，从而使消费者不会受到外界广告信息的直接和间接的影响，更有利于进行购买。

当消费者对产品的认知程度不断提高时，消费者的心理就会不断地受到知识结构的影响，从而导致认知程度和 GIA 作用的增加，这时消费者对已熟悉的品牌就会呈现出比较积极的态度；相反，当消费者的认知程度不断下降时，消费者的心理就不会受到知识空间结构和范畴的影响，这时消费者对某种产品的认知程度和 GIA 作用就会大幅降低，这时的消费者对该品牌的态度会呈现弱化现象甚至于没有变化。在产品积极信息的影响下，消费者的态度也会是积极的；而在消极态度的影响下，消费者所呈现的态度也会是负面的。

当消费者去购买某种品牌的产品时，产品的熟悉度是一个非常重要的变量因素，同时也是消费者选择产品时所参考的一个标杆。熟悉度会大幅提升消费者购买决策的准确度，增加消费者对产品的正确判断，使消费者不至于被媒体广告所误导。在 Laroche、Kim 和 Zhou（1996）的研究中证实，消费者对某种产品的熟悉度会增加消费者对该产品的信心，而这种信心也会提高消费者对品牌和产品的判断速度。相反，当消费者对某种产品没有信心时，这时就会阻碍消费者的判断，造成购买决策的延后。

第二节　感知质量

感知质量作为对产品的形象、品牌、广告等间接评价方面的质量，是每个消费者所感受到的主观质量（Garvin，1987），是根据产品或服务的原本意图，消费者对在其心中所形成的对于产品整体的卓越判断（Zeithaml，1988）。Zeithaml（1988）将感知质量定义分为四个特性：第一，感知质量是客观品质或与实际品质相区别的主观概念。第二，与其说是产品的具体属性，不如说是高水平的抽象多维概念。第三，作为消费者对特定产品的整体评价，这个概念类似于消费者对产品的态度。第四，定义为消费者对换气集合之间的相对优越性的判断。对于感知质量，Bettman 和 Park（1980）以无形的对品牌的整体态度和鉴定，使消费者对某一个品牌认识和感受的可靠性与品质特性的总体品质有了知觉。Aaker（1991）说，感知品牌的质量并不一定是基于对该品牌的详细知识而形成的，对感知质的认识会因产品群的不同而逐渐呈现出不同的形式。Lutz（1986）对质量进行了情绪质量和认知质量的区分。在购买产品时，消费者需要评估的属性数量越多，探索属性的比例也就越高，就需要进行更高水平的认知判断和评价；相反，经验属性所占的比率越高，相对感性评价的可能性就越高。

感知质量是消费者根据市场产品的状况和自己的目的与需求，通过各种途径，即中心途径和周边途径来对自己所需产品的信息进行收集和反馈，然后对产品的综合质量做出正式判定的一种因素。消费者对产品的感知质量是消费者的主观判断，即消费者内心认为产品如何，这就使得很多因素都能够直接影响消费者的感知质量。

在日常生活中，消费者用不同的属性来对产品的信息和质量进行一定程度上的描述，比如好评率和差评率就是目前消费者对产品质量甚至服务水平进行评价的一种主观属性。这样两分类的表达方式无形中给产

品的质量进行了一定程度的归类，这种归类也是比较主观的。Tversky
和 Kahneman 的研究认为，当消费者对产品质量的判断出现相同的结果
时，此时会出现在不同的情景下做出不同选择的现象，这种现象就是分
类框架效益。分类框架效应中，还包括属性框架效应。所谓的属性框架
效应就是当消费者用某种属性去评价产品的信息时，积极的评价方式要
比消极的评价方式更能获得消费者的喜爱。比如用大学的合格率对事物
进行描述要比用失败率进行描述更容易让人们感觉舒服。所以，人们更
愿意用正面的信息对事物进行说明。Levin 研究了关于牛肉的表现方式，
即 80% 为瘦肉或 20% 为肥肉。研究结果显示，消费者更愿意去购买
"80% 为瘦肉"的产品。

　　Levin 的研究发现，属性框架效应中的好与坏的表现形式，会给消
费者的主观判断和评价带来一定程度上的情绪转变，对于消费者对产品
感知质量的判断会产生直接的影响。根据属性的相关理论和研究，框架
信息是产品本身自带的属性构想，会对消费者的感知质量产生直接的影
响。很多学者对于产品感知质量的判断是基于产品本身的属性而进行
的，这种基于价格、价值等属性的评判标准可以称为产品质量的评判
属性。

　　消费者在对产品进行选择时，一般会通过信息处理的中心路径和外
围路径来对所选择的产品信息进行收集，然后根据所收集的信息对产品
的质量进行综合评价。中心路径主要是靠消费者对产品属性的直接了解
来对产品进行最终的选择，这是消费者感知质量形成的主要因素。外围
路径对中心路径起到一个补充的作用，主要是依靠广告信息和他人的口
传等外界因素来对产品信息进行了解。当消费者依靠中心路径无法对产
品质量进行决策时，外围路径就会发挥很大的作用。当消费者对产品信
息拥有丰富的知识时，消费者的购买决策就会依靠中心路径；而当产品
知识缺乏时，就会中心路径和周边路径相结合而形成购买决策。一般来
说，产品的感知质量可以通过很多的属性和性质来对产品的质量和性能
进行准确的判断。施娟等运用同心圆构成理论对消费者产品质量的评价

做了进一步的细化和总结，在其研究中把产品的感知质量分为品质、服务与品牌形象三个维度。本书结合施娟和李晓佳所提出的三个维度对感知质量进行一定程度的测量。

感知质量是当消费者对某种品牌进行购买时，对产品的品牌和价格及包装等因素的主观体验，它是消费者购买产品的主要依据，也是消费者对产品判断和评价的重要因素。很多研究指出，品牌形象对消费者的感知质量产生积极的影响，即当消费者对某种品牌有好感或者是该品牌的形象比较好时，消费者会认为该品牌的质量没有问题。由于在市场上获取信息的难度较大，消费者对产品的属性和性质做出相关的判断比较困难，因而对产品的感知质量无法形成准确的感知和认知，这时，外围路径就成为消费者判断产品属性和性质的重要因素。

关辉等分析认为，一个品牌的良好形象会在一定程度上促使消费者去购买或者去消费该产品的品牌，品牌形象越好，就越容易帮助品牌在消费者心中树立理想形象，从而有利于提升品牌的竞争力，阻止品牌与品牌之间的市场竞争，改善市场的竞争情况，净化市场环境。牛永革等在研究中利用回归分析对品牌感知质量和消费者的购买意图进行了分析，分析结果证实，在5%的显著性水平下，品牌的感知质量对消费者的购买意图会产生积极影响，而这种影响的说明力很强，也证明了品牌的感知质量可以对品牌的购买意图进行比较全面的解释。

Gronroos在先行研究的基础上，对技术（与生产有关）和服务（与使用有关）两种质量所组成的关于消费者感知质量的模型进行了研究。该研究结果表明，技术和服务这两种因素对消费者的感知产品质量并不产生直接的影响，在5%的显著性水平下并不显著，而品牌形象对感知质量可以产生直接的、积极的影响。这就说明了当企业同时拥有技术和服务时，这两种因素并不能引起消费者对感知产品质量的联想，而是要通过品牌形象这个中间因素才能间接地对消费者的感知质量产生影响，也就是对消费者感知质量的提升。企业的品牌和商标是企业对消费者产品质量的一种特殊的保证和承诺，是提高消费者感知质量的重要因素，是消费者选择该产品的一个重要的依据。

　　企业在现实生活中要想对感知质量进行有效的管理，首先必须要把感知质量这个要素量化，让它有一定的标准，可以进行判断。消费者对产品的感知进行评价和判断时要针对两个层次：第一，根本的就是要看是否能够满足消费者的需求，不能满足消费者需求的产品一般来说质量都会很差；第二，在满足客户的基础上，是不是以最快的速度去满足消费者的需求。一般的消费者所感知的质量是从第二层次中体现出来的。

　　很多学者的研究都有一个共同的特征，就是利用消费者的满意度和忠诚度去评价消费者的感知质量问题。当消费者不满意时，感知质量为零，甚至为负；当消费者满意时，感知质量为一般；当消费者完全满意甚至非常满意时，消费者的感知质量为高。在测量客户的感知质量时，首先要明确客户的需求，其次就是对需求进行评价和判断。当客户的需求低于所期待的程度时，感知质量就会降低；当客户需求和所期待的程度一致时，感知质量一般；而当满意度大于或者高于所期待的程度时，感知质量就会达到最高水平，这也是企业所期望的。因此，大部分情况下是用客户需求满足程度来评价或者去衡量消费者的感知质量程度。

　　在很大程度上，消费者对产品的满足程度取决于该产品对消费者是否有用，当消费者觉得这种产品对自己非常有用时，满足程度就会大大提高，这时消费者感知的产品质量也会提高。当消费者觉得某种产品的质量好时，其实在某种程度上其已经认可了该企业的产品，对该企业的产品产生了一定程度的信任感，该产品在其心目中占有一席之地。因此企业在产品的制造和研发过程中，首先要了解消费者需要的是什么，然后对感知质量进行评价和判断，这样会提高企业的市场竞争力。

　　当企业提高对产品质量的控制时，这也意味着企业的产品研发成本要大大提升。因此，企业要尽可能地用高成本的投入去完成对产品质量的控制和管理。当然，在此过程中，更重要的是用有限的成本投入尽可能地完成对产品的高质量生产和制造。在产品的感知质量管理中首要的就是完成对产品感知质量的目标设定，明确产品的感知质量的水平，这样为以后更好地完成产品的感知质量的任务提供标准依据。这就需要充分地了解市场上的类似产品的质量水平，还要知道消费者对这种质量产品的评价是什么，并作为依据和标准去生产自己的产品，这样既有利于提高自己的产品竞争力，同时又能保证快速地完成任务。

当消费者对某种产品的属性和性质有了一定程度的了解后，接下来需要对该属性和性质进行仔细的考察，并尽快确定考察属性的范围和大小。因为每个属性所包含的内容都有可能成为影响消费者感知质量的重要因素，对属性的范围和大小进行考察以确保万无一失。对产品属性范围的考察是为了验证产品是否符合所规定的质量目标，不管是产品开发过程中的企业，还是最终购买成品的消费者都要对属性的每一个环节进行仔细的考察，并做出准确的判断，以确保产品的质量符合市场的要求。另外，在消费者购买产品之后，企业要定期对产品的质量进行核对，对那些质量不合格的产品给予退还，做到对消费者负责。

对产品所有信息的了解，能够提高消费者对产品属性的感知，能够迅速地提高产品在市场上的竞争力。消费者的感知质量与其他的一般的质量有所区别，具有主观性。如何把感知质量进行量化是需要进一步研究解决的问题。如果感知质量可以量化，那么不管是对于企业还是消费者，都具有一定的优势。企业可以以此为标准进行产品的研发和生产，而消费者可以以此为评价标准对所购买的产品进行评价和判断。在很多学者的研究当中，一般都是利用消费者的满意度来测量和衡量消费者的感知质量的变化，并运用统计分析方法对产品的感知质量进行数据分析，以此来评价感知质量。在定性研究中，很多学者通过响应分析对消费者感知质量的属性进行一定程度的归类，从而以分类为基础，对感知质量进行测量；在定量方面，通过验证性因子分析和探索性因素对感知质量的测量指标进行降维分析，从而完成对感知质量的测量。

在 Zeithaml（2000）的研究中，产品的感知质量是消费者通过各种直接的和间接的感知手段来对具体产品的属性和性质进行体验，产品的属性和性质要与消费者的需求相一致。产品的感知质量是将消费者所感知到的产品的特性进行精致化，以此为消费者带来感官上的愉悦，把消费者的抱怨扼杀在摇篮里。感知质量分为高品质的感知质量和低品质的感知质量，高品质的感知质量是给消费者以高端大气和细节上的完美的感知，是为消费者进行的一对一的服务；而低品质的感知质量只是让消费者产生"产品还行，产品一般"的感觉。从产品的生产和制造的角度来看，高品质的感知质量是造型与设计的完美结合，并以优质的材料为辅助工具；而低品质的感知质量是设计和造型一般、材料一般的属性组合。

感知质量从消费者的角度来划分，可以分为动态型感知质量和静态型感知质量；从产品的研发和制造的过程划分，可以分为平衡性感知质量和倾斜性感知质量。动态型感知质量是产品在运动或者动态的情况下所感知到的感知质量。比如汽车，通过汽车的行驶，消费者可以感知到汽车的发动机、油门等零部件质量的好坏。静态型感知质量是指消费者在产品静止的情况下对产品所产生的感官体验。比如汽车的外观、室内设计等因素。平衡性感知质量是指产品的外观，室内设计和产品的零部件等是否协调，也就是说，外观好看，发动机动力强，这时的感知质量就处于平衡性感知质量。倾斜性感知质量就是内因和外因不相符时所产生的感知质量。倾斜性感知质量在一般情况下，消费者会认为其性价比不好。消费者对产品感知质量的分类决定了消费者对某种产品的喜爱度，即分类越明显证明对某种产品越了解，同时也就越喜欢某种产品。

感知质量是顾客对某种产品的一种综合性的评价，与消费者感知的一般质量有所不同，是一种更高级的产品评价特性属性。Zeithaml 的研究认为，感知质量是产品给消费者带来的方便性的感知程度，产品的感知质量越高，消费者感觉到的方便性也就越强。Sweeney 的研究认为，感知质量可以降低消费者的感知风险程度，能增加消费者的感知价值，即消费者感知质量对感知风险有着负面的影响，对消费者的感知价值有着显著的推动作用。

还有很多学者对在线服务的感知质量进行了一定的研究，研究结果是，如果一个产品服务商能够提供一个较好的服务平台，就对消费者的感知质量产生了积极的影响。在满意度的研究中，有的研究认为，感知质量和感知价值都会对消费者的满意度产生积极的影响，感知质量和感知价值是影响消费者满意度的先行因素；还有的研究则认为，感知价值在感知质量与满意度之间起到了中介的作用，即消费者先感知到产品质量好，然后对产品产生价值，再通过价值的测算最后对满意度产生影响。在 Anderson 的研究中以网络环境为背景，研究了感知质量对网络购物的信任和忠诚度产生积极的影响。Bou - Llusar 的研究证明，消费者的满意度在顾客的感知质量与重复购买之间产生积极的中介作用。Kuo 等以通信企业的消费者为对象，研究了移动通信的感知质量、感知价值与满意度之间的关系，研究结果是，感知质量和感知价值对使用意图有着强烈的影响作用。该研究将在线存储服务用户满意定义为用户使用在线存储服务的结果与之前结果的比较状态。

感知质量对于消费者而言是一个非常重要的因素，关于质量的研究主要表现在两个方面：一是针对一般的客观质量的研究，这一方面主要是产品生产者和研发者对于产品的实际属性进行的客观评价，比如外观、室内设计等能够看得见、摸得着的因素；二是对于质量感知方面的研究，主要是站在消费者的角度进行研究，消费者根据自身所掌握的信息对产品质量进行主观的评判。Riesz（1978）认为，一般的客观质量是产品实实在在存在的性质，而感知质量则是消费者对产品的一种抽象评判。

很多学者都对感知质量进行了一定程度的研究。对感知质量的研究分为定性研究和定量研究。定性研究是利用文献综述或者文献回顾的方式对感知质量的因素进行分析和阐述；定量研究则是在已有数据的基础上，对感知质量进行分析和归类。在定量分析中用的最多的方法就是因子分析、多重相应分析、对应分析、交叉分析等分析方法。因子分析方法是将感知质量的二级指标进行归类和降维，目的在于找出最符合感知质量的测量指标，然后用这些指标来代替感知质量这个因素。多重相应分析、对应分析、交叉分析等分析方法是利用消费者所感知的关于质量的二分类甚至多分类的属性进行一定程度的相互匹配，目的在于使消费者所感知的关于质量的属性明确化和准确化。在国外的研究中一般都是使用定量分析方法来对感知质量进行分析，而在国内文献综述的方法占了很大一部分。其实，定量分析方法的优势和准确性还是要高于定性方法的。

关于影响感知质量的因素，在以往的文献中分为两个部分：一是单一的因素，二是多重因素。单一因素指的是影响感知质量的先行因素只有一个，而多重因素是指影响感知质量的因素有多个。很多研究中认为，单一因素主要有产品的外观、店铺的购物环境等因素，其中最多的就是外观等的直观属性。多因素中最多的是价格、服务水平、知识、广告等因素。比如，在价格与感知质量的关系中，Gerstner（1985）认为，价格是决定产品感知质量的一个非常重要的因素，价格越高，证明质量越好，所以当消费者所拥有的产品知识不多时，价格是一个非常重要的参考因素。

在购物环境与感知质量的关系中，Olson（1973）将购物环境锁定为购物时的舒适度，以舒适度来推测产品的感知质量。购物环境实际上是外界因素，其对消费者的感知质量产生的影响不是很大，而感知质量主要是由产品的内在因素决定的。在感知质量与品牌的关系中，Veloutson（2004）对消费者的感知质量与品牌的关系进行了研究，研究中把品牌形象作为感知质量的后行变量，即感知质量越好，消费者的品牌认识度就越高，品牌形象就越强。还加入了满意度，证实了质量越好，满意度越高。感知质量与品牌形象和满意度成正向的关系。

还有不少学者对产品的外观和室内设计与消费者的感知质量之间的关系进行了研究，他们一致认为，产品的外观和室内设计对消费者的感知质量有着积极的影响关系，同时外观和室内设计这两种因素也是消费者在产品选择时的一个重要依据。在感知价值与感知质量的研究中，Jackie（2004）的研究认为，消费者的感知质量对消费者的感知价值有着积极的影响作用，即感知质量越好，感知价值就会越高，当感知质量增加到一定的程度时，感知价值会不变。严格来讲，感知质量和感知价值之间呈现出非线性的函数关系。这为以后的研究奠定了坚实的基础。还有学者认为，服务质量、货币质量和时间成本对感知价值有着显著的影响关系，他提出了服务质量、货币质量和时间成本与感知价值之间的线性价值函数曲线，为以后的研究提供了依据。在广告与感知质量关系中，Olshavsky 和 Miller（1972）的研究认为，好的广告信息在一定程度上会对消费者的感知质量的评价有着积极的作用。

Kirmani（1997）的研究发现，当消费者对某种产品或者品牌的质量进行判断时，一般情况下需要通过产品的广告来进行评价。在外部探索与消费者感知质量的关系中，Blair 和 Innis（1996）的研究认为，消费者所拥有的产品知识在两个变量之间的影响中有着重要的负向调节作用，即消费者产品知识越多，外部线索对质量评估的影响就越弱。Mieres 等人（2006）认为，消费者的外部探索越多，就证明消费者对某种品牌感兴趣，这时对产品的感知质量自然也就了解得比较多。

在消费者的人口统计学特征与感知质量的关系中，很多学者研究发现，人口特征中的收入和消费越高，就证明消费者在社会上是处于中上阶层，这时消费者也就对产品的质量比较重视；而教育水平较低的消费者缺乏关于产品的知识，就容易忽视产品的质量。还有很多学者证实了年龄也跟感知质量有着直接的关系，即对于一般消费品而言，20～30岁的消费者对产品的质量更加重视，而对于非一般消费品而言，40岁以上的消费者更加重视产品的质量。

王海（2007）等人的研究认为，原制造国的形象对产品的感知质量有着显著的积极影响，即原产国的形象越好，消费者感知的产品质量也就越高。发达国家制造的产品的质量明显要高于发展中国家所制造的产品的质量。在 Stone - Romero（1997）的研究中，在先行研究的基础上将2个指标所测量的变量扩展为4个指标，更全面地测量了感知质量这个因素。Garvin（1987）建议对消费者的感知质量进行具体的划分，测量指标越多、越具体，对感知质量变量的测量就越精确。

消费者是市场经济的重要组成部分，他可以根据自己的需求和所掌握的信息去购买自己所需要的产品。在此过程中，消费者要发挥市场主体的作用，要对自己所购买的产品甚至市场上的所有产品，利用自己的知识和信息对其质量进行评价和判断，以此来维护自己的权利，让整个市场的运作协调并正常化。消费者接受信息的途径一般情况下有两种：一种是内生信息，另一种是外源信息。当某种产品对消费者而言非常重要时，消费者会对产品进行一定程度上的评价，这时的评价就会用到消费者的内生信息和外源信息。

内生信息就是消费者自身所拥有的信息特征，包括年龄、收入、教育程度等因素。一般而言，年龄越大，收入越高，教育程度越高，证明接受的信息也就越多，这类消费者自然而然地就对产品的质量很重视，在对产品质量评价时，就越严格，这类信息相对具有主观性。所谓的外源信息就是不以消费者的意志为转移的消费者意外的信息来源，比如产品广告、企业的营销策略等，这类信息具有客观性。消费者的内生信息和外源信息在某种程度上是相互作用、彼此产生影响的。外源信息会成为消费者的内生信息，而消费者的内生信息又是判断产品质量好坏的关键性因素。这两类信息是相辅相成的，即外源信息会影响内生信息，内生信息也会影响外源信息，内生信息是外源信息的基础，外源信息是内生信息的延伸，两种因素都是影响感知质量的重要因素。当外源信息完全转化为内生信息时，消费者才能对产品的感知质量做出精准的判断。

产品进入市场有两种途径：一种是对现有市场上的产品加入某种元素或者功能进行产品的延伸或者是开发新型的产品投入市场；另一种就是新企业对新产品的研发和生产制造，并投入市场。当新产品进入市场时，会经历四个阶段：投入期、成长期、成熟期和衰退期。其中，成长期和成熟期都需要消费者对产品的质量进行感知和评价，而投入期由于时间较短无法收集全面的信息对产品的质量进行评价，衰退期则是消费者已经对产品的质量有了足够的了解，并且也知道产品的不足。

在林雅军的研究中提出了全要素模型，即某些要素在消费者的购买阶段处于并不是很重要的地位，因此，在全要素模型的基础上提出了修正模型，即影响感知质量的主要因素模型。把对产品不产生影响的因素删除，只留下对产品产生影响的因素。在现实当中，全要素模型是很难实现的，因为企业通过各种手段向消费者传递产品的信息，在传递的过程中，难免会发生信息的损失以及消费者接受的误差，所以消费者不可能对全要素模型进行完美的诠释。

刚上市的新产品，由于消费者对其信息了解得不是很多，处于非常模糊的阶段，所以这时消费者的感知质量在购买过程中发挥不了重要的作用。消费者对某种产品品牌的物理属性的感知质量，会因为消费者对产品的了解程度和自己的亲身经历的不同而产生不同程度上的作用。比如，对产品的了解程度越高、经历越丰富，对产品物理属性的感知质量要求也就越高，这是消费者必然要经历的一个过程。消费者重复购买阶段。在第一阶段形成的关于产品的任何信息，都会成为第二次或者第三次购买的内生因素和外源因素，并成为消费者购买产品的基本依据。

环境因素中的外部购物环境是消费者对产品的外源信息因素，而当消费者进行二次购买时，外部购物环境就转化成为消费者的内生信息源，在第三次甚至以后的购买中对其已经不再进行考虑。这时消费者考虑的因素就变成了价格因素，价格因素是消费者判断和评价某种产品质量好坏的重要因素，当其他的外界条件一致时，或者是不重要时，消费者会根据产品的价格去判断产品的质量。当然价格越高的产品，消费者所感知的产品质量也就越好。当企业的价格不发生变化时，在以后的购买过程中，价格因素对消费者感知质量所产生的影响就会变弱。因此，在全要素模型当中，环境和价格对感知质量的影响是可以被控制的，即对感知质量产生的影响是有限的。当消费者处在长期购买阶段时，就会对某种产品形成特殊的爱好和喜好，其他的外界因素就显得不那么重要。

消费者对产品质量的评价是基于多种多样的外部因素和内部属性所

做出的主观判断，是对某种产品品牌或者某个产品生产企业的一种认同感和认可性。产品的感知质量是消费者购买决策的重要因素和依据，很多学者在先行研究的基础上对产品的质量进行了划分，将其分为客观质量和主观质量。所谓客观质量就是产品所拥有的属性和特征因素，而主观质量是消费者对产品属性和特质的直观感知和评价。它主要是源于消费者对产品质量的理解程度。

消费者对产品的感知质量可以分为三种因素：其一，在所有因素中，只有感知质量能够促进消费者购买产品，同时对企业的绩效具有推动作用；其二，感知质量是促进企业成长的关键性因素；其三，感知质量和品牌形象有着紧密的联系，是改善企业品牌形象的关键因素。消费者对产品信息的来源不仅有内生信息和外源信息，还有内部线索（intrinsiccues）和外部线索（extrinsiccues）（Wheatley, et al, 1981）。

内部线索又被很多学者称为中心路径，与产品自身的物理属性有关，它包括产品的外观、形状和大小等属性因素；外部线索又被很多学者称为周边路径或者外围路径，是与产品间接相关的因素属性，这种外围路径比较抽象，不像中心路径那样直观，它包括广告、价格、品牌形象等属性因素。与外部线索相比，内部线索更容易作为消费者判断产品质量好坏的依据，所以当消费者无法对产品质量进行评判时，消费者自然而然地会依据内部线索的比较直观的信息来对产品的购买进行决策。

很多集成的产品被消费者认为不属于产品本身物理属性的构成部分，其产品的变化也同样无法改变实际产品的物理特性，所以被消费者认为是外部线索。除了外部属性理论外，其产品本身的理论也同样认为在产品品牌形象的构成和组成过程中，除了产品本身的特征和企业的市场战略以外，还有一些间接要素会对企业产品的感知质量产生影响。间接影响因素和直接影响因素同样重要，它是利用品牌的杠杆原理来对品牌质量所产生的影响因素进行说明的。在 Fishbein 和 Ajzen（1975）的研究当中，同样站在消费者的立场上对消费者的消费观念提出了一些观点，他们认为产品的描述性观念和信任观念都对消费者的感知质量产生影响。

描述性观念是从直接购买产品的体验中获得的，而信任观念则是出于对产品广告和企业营销策略等的信任获得的，这两种观念是相互作用、相互影响的，共同对消费者的感知产品质量产生影响。集成的产品作为一种非常重要的外部线索，对消费者做出购买决策提供了依据，同时也使消费者对产品的研发过程、生产制造以及销售等流程做出重要的判断，是对品牌形象具有良好描述作用的因素，也是消费者感知质量的决策要素。

很多学者把消费者的感知质量定义为："消费者在购买决策时，对所购买的产品进行主观的评判。"Holbrook 和 Corfman 把消费者所感知的产品质量具体分为三个部分：第一是具有喜好或者爱好的评价。第二是消费者与产品进行的互动。质量评判是消费者根据产品特征的不同所做出的不同的评价，哪怕是不同的消费者对于某种相同产品特征所做出的评价也是有差别的。第三是消费者对产品的体验概念。在 Zeithaml 的研究中把消费者的感知质量定义为，相对于其他产品而言，产品所具有的优势，所以感知质量被视为消费者对该产品所具有的优势的选择和判断。在 Fishbein 的研究中列出感知质量的三种特征：第一，感知质量是一种消费者主观意识的判断；第二，感知质量不是一种具体的特征表现，而是一种抽象的概念；第三，感知质量代表着一种从消费者的联想中做出的主观判断。

很多学者对影响感知质量的因素进行了研究，并取得了不俗的成果。例如，在 Olsonand Jacoby 的研究中，根据先行研究中的内生信息和外源信息，研究出影响感知质量的暗示因素，即内在暗示和外在暗示。内在暗示源自产品自身所具有的特征，像颜色、大小、形状等；外在暗示指的是产品周边的信息线索，对产品质量产生间接的影响因素，例如，广告和价格等因素。实际上内在暗示和外在暗示与内生信息和外源信息的性质是一样的，都诠释了直接或间接对消费者感知质量产生影响的因素。祁红波研究了外在暗示因素对消费者感知质量的影响，研究结果显示，学历越高、年龄越大的消费者的外在因素对感知质量的影响越弱，越是年轻的消费者越是重视外在因素的影响。

江明华指出，消费者对某种品牌形象的感知越强烈，就越会对该产品的品牌的感知质量产生显著的、积极的影响。同时，当消费者感知到的产品价格越合适，就越会对产品的质量产生积极的影响关系。在过去，很多学者都对质量与价格的关系进行了细致的研究，研究结果表明，消费者都认同"便宜没好货，好货不便宜"，价格高的产品质量往往都会好。所以消费者在购买产品时，一般都会选择购买价格偏高的产品，用来降低感知产品的风险程度。Aaker（1999）的研究表明，店铺的知名度与产品的感知质量之间有着强烈的相关关系，即知名度越高，感知质量就越好。Dodds 等人也以电子产品为调查对象，研究了知名度与质量之间的关系，研究结果显示，知名度与感知质量在 0.01 的显著性水平下存在着积极的影响关系。

自有品牌商品颜色的差异也会对感知质量有影响。一般情况下，产品的颜色是属于消费者能够看到或者能够感知到的特征，所以产品颜色是属于消费者的内在信息，而内在信息会影响消费者对产品的质量感知，例如汽车的颜色会对消费者的感知质量产生影响，研究发现，消费者会认为黑色的汽车的质量要高于其他颜色的汽车。消费者对颜色的感知还受到其他很多因素的影响，学历、年龄等不同，对颜色的感知也是不同的，但在很多的先行研究中，并没有把这些因素排除在外，因此在今后的研究中需要把人口特性作为控制变量来研究颜色和质量之间的单纯的关系。

价格是不同市场结构下的产物，市场结构不同对消费者感知价值和感知质量所产生的影响也会有差别。比如，垄断市场的价格对质量和价值所产生的影响关系与寡头垄断市场下的价格因素对质量和价格所产生的关系肯定是不同的。因为不同的市场构造决定了不同的消费者的购物理念。在很多的先行文献中，对价格和质量之间关系的研究不是很多，以下是为数不多的关于两者之间关系研究的代表性的结论。在 Buzzell

和 Gale 的研究中发现，高质量对价格产生的波及效果会提高企业的效益；Voros 的研究结果认为，价格和质量之间不是一种线性函数的关系，而是非线性的关系，这就打破了以往对价格与质量之间线性关系的研究，为以后的研究奠定了基础。还有学者的研究认为，市场上的供求关系是受到质量和价格影响的，解释了两种因素和市场供需的关系。

在某种程度上，价格高就一定代表了质量好；在非线性关系下，价格与质量之间的关系却是随着价格的提高，质量跟着提高，而当质量提高到一定水平价格反而会随着质量的提高呈现下降趋势。综观对于质量和价格直接关系的研究，始终没有得到一个一致的结论，研究者不同、研究对象不同，两者之间的关系是不同的。也就是说，产品的质量与价格直接的关系在现实生活中实际上是非常不稳定的，也是不确定的。由 Spremann 对产品和质量的研究中我们可以得知：当消费者选择该产品时，实际上是根据感知质量与价格直接的比值大小而决定的，也就是性价比。性价比越高，产品质量相较于价格来说就越实惠。在一般情况下，这种理论是可以被普遍使用的，但是也有例外。比如，消费者会购买比较贵的产品，因为价格贵意味着质量高，可以节省产品的维修费用。

崔丽（2006）的研究证明，质量不同的产品其所带来的产品感知价值是有区别的，这时消费者的产品感知质量也是不同的，即同一款产品的质量不同，其价格也会存在很大的差异。比如，同样是手机，功能多的，品牌知名度高的，价格贵的，产品的质量自然会好；相反，产品质量一般的手机，价格会便宜。也就是说，质量与价格存在着直接的关系，这就形成了消费者的感知质量－认可价格曲线（见图 3-1）。该曲线的形状直接表明了价格和感知质量之间的关系。它表明了当消费者对产品的感知质量很低时，价格对质量产生的影响不显著；当产品质量达到很高水平时，价格对质量的敏感度才能提高，而随着质量的提高，消费者的价格敏感程度会下降。

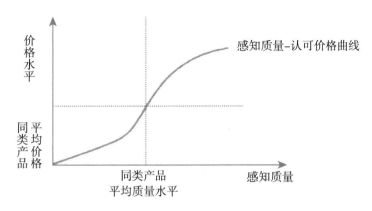

感知质量–认可价格曲线

价格水平
同类产品平均价格

同类产品
平均质量水平

感知质量

图 3 – 1 消费者的感知质量 – 认可价格曲线

消费者对产品感知质量与其价格的关系可以使用以下函数来进行解释：pa = f（qp）。这里所提到的价格是消费者对于感知质量比较好的产品所支付的费用，对于同一个消费者来说，产品的感知质量水平越高，则消费者愿意支付的费用就会越高。所以，pa = f（qp）函数公式的含义是：f（qp）>0 对于相同的产品品牌而言，消费者所感知的质量不同，那么他们愿意支付的费用就有差异。换言之，同样的产品，不同的消费者所认可的价格和价值即性价比是不一样的。那么 1，2，…，n 等多名消费者对同种产品所支付的价格分别是：pa1，pa2，…，pan，价格与质量 qp 之间的关系是：pa1 = f1（qp），pa2 = f2（qp），pan = fn（qp）。消费者认为，某种产品的质量越好，其愿意支付的费用就会越多。同样，在质量一定的水平下，价格越高，说明消费者的喜好度越强。图 3 – 2 是不同消费者的感知质量 – 认可价格曲线，从中可以看出，消费者 A 比消费者 B 对产品质量的评价更高。在相同价格下，消费者更喜欢质量好的产品。

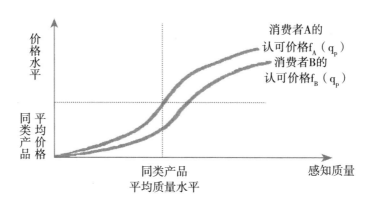

图 3 - 2　不同消费者的感知质量 - 认可价格曲线

消费者对某种产品质量的喜好会影响消费者对产品价格的敏感程度。价格的敏感程度指的是消费者对某种产品价格的心理反应程度。它反映了消费者对产品价格的态度。根据消费者对产品价格的敏感程度，可以将消费者分为两种类型：一种是敏感度比较高的消费者，另一种是敏感度比较低的消费者。敏感度高的消费者一般会喜欢价格比较便宜的产品，因此对于此类的消费者而言，降价促销活动是非常有效的策略。价格敏感度比较低的消费者，一般是学历高、产品知识多的消费者，这类消费者一般对于质量好的、价格高的产品比较青睐，对于这类消费者而言，企业就要研发生产出质量高的产品。消费者对某种产品越喜欢，其价格敏感度就会越低。此类消费者由于喜欢某种产品，所以其接受给定的价格范围会比较大，换言之，就是价格敏感度较低。

很多学者的研究也表明，在一定范围内，产品的价格有时是不会受到消费者感知质量影响的，就算会有这样的结果，消费者仍然把产品的价格作为外源信息，在购买产品时，会作为依据来进行决策。这是因为：第一，消费者相信在不同的产品品牌之间会存在非常明显的质量差；第二，消费者会认为如果产品的质量太低，会对企业的经营造成非常不利的影响；第三，因为消费者对产品知识的了解有限。在知识经济时代，消费者对产品知识的了解越来越多，企业可以根据消费者的不同属性，制定不同的市场营销策略，从而去迎合消费者，尽最大努力去拉拢消费者，提高企业的市场占有率。实际上，在现实生活中，消费者的感知质量也是具有一定的时间价值的，今天消费者认为质量高的产品，到了明天或许会成为质量一般甚至质量非常差的产品，这时消费者的价格动态曲线就会呈现下降趋势。感知质量–认可价格动态关系曲线如图3–3所示。

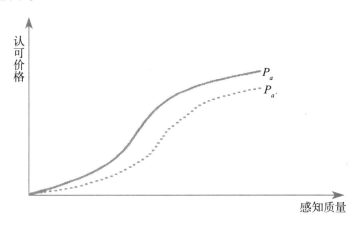

图3–3　感知质量–认可价格动态关系曲线

pa 表示消费者对产品的价格和感知质量的认可变动曲线，pa′表示经过一段时间后，消费者所感知的价格和感知质量的曲线趋势情况。这个模型属于两种因素之间的变动模型，即质量–价格变动曲线模型。这个模型表示，消费者的感知质量与产品价格是随着时间的推移，相同质量的产品对于相同消费者而言，其消费者的感知价格与质量之间的比值，即性价比就会呈现下降的趋势，即会出现"贬值"的现象。

因此，企业在生产和研发产品时，必须注重消费者的感知质量与价格之间的关系，即性价比。企业要时刻站在消费者的角度看问题，为消费者着想，研发出消费者感到满意的产品，真正做到"以消费者为中心"，把企业的服务与消费者相连接，把服务做到消费者心里，从而赢得消费者，提高市场的占有率。感知质量不是产品所体现的具体的属性，而是比较抽象的特征，是消费者对产品的主观评价（Steenkamp，1990），同样也是消费者购买依据的重要因素。

Steenkamp 的研究认为，消费者对产品的感知质量是消费者个人主观的价值评判，消费者在购物时，会通过一些直接的或者间接的信息，对自己所购买的产品做出比较合理的评判。在以往的研究中，消费者对产品的感知质量越强，他对该产品的购买行为就会越主动积极。

在 Richard - son、Jain 和 Dick（1996）的研究中证实，广告、价格和外观等外源信息与零售商自主制造的产品质量有着密切的关系，他们发现零售商自主制造的产品（PB）与制造商制造的产品（NB），消费者会产生不同的评价。当零售商自主研发的产品标以制造商的品牌时，消费者会提高对产品品牌的评价，并产生好感；相反，当制造商的产品被标以零售商的品牌时，消费者对产品的评价就会大大降低。这项研究表明，消费者对零售企业产品的评价一般情况下是基于其外源信息进行的，而不是基于产品本身的质量属性进行的；相反，消费者对制造企业的产品评价不仅是根据品牌决定的，更大程度上是基于产品的质量。还有一些研究也得出了相似的结论，在 Wells、Farley 和 Armstrong（2007）的研究中，英国的零售企业将自己生产的产品标上制造企业的品牌后，该产品的销售额与市场占有率得到了很大的提高。

第三节　店铺形象

消费者对零售企业店铺的印象，与相关零售企业产品或品牌的质量感知有关，店铺形象对品牌质量产生积极的效果（Baughand Davies，1989）。消费者在走访特定店铺期间，体验和接受店铺中暴露的各种营销刺激，形成对店铺的整体印象观察的客观属性，形成对消费者心理感知的主观属性的相互作用。客观属性是指商品结构，信用政策和价格等功能特点，主观属性是指舒适、良好的氛围，以及在卖场感受到的刺激感或舒适感等心理因素（Mazurasky & Jacoby，1986）。在消费者心中，店铺形象受功能品质和心理因素的影响。功能方面，产品、客户、价格、店铺排列、品质等，是能够与竞争对手比较的具有客观性质的店铺要素，心理层面定义为归属感、亲近感、兴奋感或有趣的情感（Martineau，1958）。虽然判断特定产品不是本质因素，但是评价产品时会提供外部信息，影响着购买意图，因此，可以说积极形成流通企业店铺形象是相当重要的。

店铺形象的好坏不仅对购物环境和品牌文化产生影响，而且还会对消费者的购物心理产生作用。当店铺的形象良好时，不仅可以增强企业的品牌形象，传达正能量的品牌文化，而且还可以制造良好舒适的购物环境，吸引消费者的眼球，提高消费者的进店率，延长消费者在店铺里逗留的时间。在现实中，很多品牌对店铺形象的作用不是很明显，也不是很直观，无法达到让消费者一看就能记住的程度，也无法与企业的形象形成鲜明的对比。这样就会导致企业在竞争中不占优势，无法让消费者记住。尤其是现在，市场竞争非常激烈，如果没有一个能让消费者永远记住的品牌，企业是很难在市场上立足的。因此，企业只有塑造有差异化的店铺形象才能在激烈的市场竞争中立于不败之地。根据先行文献的研究结果发现，目前关于店铺形象的研究主要有三个方面：第一个方面是站在全要素的角度对店铺形象进行综合研究。Maitineau 是首先提出店铺形象全概念的学者，他认为影响店铺形象的因素主要有 9 种，分别是价格、品质、服务、位置、陈列、符号、色彩、广告和销售人员。价格越高的产品所在的店铺形象越好，因为价格越高，说明店铺里都是贵重的产品，店铺形象自然就显得高贵；产品的品质越高，店铺的形象就越高；员工的服务态度越好的店铺，其形象也就越好；处于最佳位置的店铺，消费者所感知的店铺形象会更高；陈列方式和产品符号同样可以影响店铺的形象；广告做得越好，销售人员的服务和知识越强，消费者自然会产生好感。杨宜苗从大型零售商的角度对店铺的形象进行了研究，提出了影响店铺形象的 8 个要素。第二个方面是根据某种目的，研究店铺形象的合理优化问题。比如刘高福等就提出合理优化店铺的优势，以优化合理的店铺来吸引消费者光顾。第三个方面是对影响店铺形象的某个因素进行专门的研究。

还有很多学者在研究品牌形象的同时也研究了店铺的形象，比如胡觉亮等人研究了影响品牌形象的因素有产品质量和店铺的形象，他们把店铺的形象作为影响品牌形象的先行因素，认为只有当企业或者商品的店铺形象给消费者留下深刻的印象，才能增加其对该品牌产品的偏好度。白琼琼等人在研究店铺的形象时，将店铺的形象分为三个指标来进行测量，三个指标分别是商店的店面布局、店面的风格和产品的陈列展示，并通过分析验证了这三个指标的效度和信度都是非常合理的，为以后店铺形象的研究奠定了基础。

一般情况下，一个店铺的形象主要包括四种因素：第一种因素是产品自身的因素。产品因素是店铺形象的根本因素之一，产品本身的大小、形状、颜色等因素会直接影响到消费者对店铺形象的感知。第二种因素是店铺内饰的环境问题。店铺的环境主要包括两个方面的内容，即店铺的内部环境和店铺的外部环境。店铺的外部环境主要指店铺所在的位置、店铺的周围环境和店铺的外观环境等因素，它是吸引消费者、给消费者留下深刻印象的主要因素，同时也可以增加消费者的进店率和逗留率。店铺的内部环境则指店内的氛围、店内的装修等具体的属性，它可以让消费者进一步接触商品和了解商品，店内布局的合理化、舒适的照明服务可以让消费者在店内流连忘返。第三种因素是企业广告的选择要素。品牌形象和店铺形象的推广离不开对广告的宣传以及对广告的设计。比如，醒目的广告设计不仅可以让消费者有种眼前一亮的感觉，而且还可以增加消费者对店铺的偏好度，进而提升消费者对店铺形象的感知。第四种因素是店铺内员工的服务因素。消费者在购买产品时，虽然都在接受员工的服务，可是这种服务是无形的，虽然服务是无形的，是看不见也摸不到的，但消费者能够真切地感受到，也会给消费者留下印象。

零售店的店铺形象是指消费者对零售商店铺多种因素的感知（Bloemer & Ruyter, 1998）。在以往的研究中，有很多学者对店铺形象与零售商生产的产品（PB）之间的关系进行了研究，研究表明店铺形象影响着零售商产品的购买决策，即消费者感知零售商店铺的形象越好，就越容易去购买零售商生产的产品。在 Grew－al 等（1998）和 Birtwistle 等（1999）的研究中都发现，零售商店铺的形象对零售商产品（PB）的形象有着显著的、积极的影响。在 Semeijin、Allard 和 Riel（2004）的研究中表明，店铺的形象可以降低消费者对零售商产品的感知风险程度。

很多国内与国外的学者都对店铺的形成进行了一定程度上的研究，并下了定义。关于店铺形象的研究最早的学者是 Martineau，在 1958 年他把店铺形象定义为消费者脑海中分辨商品的形式，它包括价格、形状等商品的功能属性和氛围等店铺的内在特质。总的来说，店铺的形象是消费者对店铺的整体感觉，是消费者对产品功能属性和感性属性的一种综合认知，主要由 4 个项目构成，即产品、服务、功能属性和内饰环境。产品指的是消费者感知的产品的功能，服务是指员工的服务态度，功能属性是指店铺的位置和功能，内饰环境是店铺内部的环境摆设。

很多国内外学者都对店铺形象的定义进行了不同程度的诠释，观点各不相同但是也有相似之处，主要体现于两点：第一，店铺自身的形象是客观存在的；第二，店铺的形象是消费者对店铺整体意义上的感知评价。店铺形象的好与坏是消费者自身的感知，是一种比较抽象的概念，是内部环境与外部环境的整合因素，与产品的质量、产品的摆设等有着密切的、不可分割的关系。店铺形象的好与坏同样对消费者对店铺所陈列产品的印象有着显著的影响，即形象好的店铺，里面所陈列的产品质量一定不会太差；而形象不好的店铺、比较简陋的店铺，里面陈列产品的质量往往不会太好，这与消费者的满意度也有着积极的影响关系。店铺的形象是企业经营过程中必不可少的一个因素，它可以决定企业的市场竞争力，在产品质量相同或者相似的前提下，企业的店铺形象越好，就越能给消费者留下良好的印象，同时这家企业的市场竞争力也就会越强。总而言之，店铺形象是消费者对店铺的整体印象的评价程度，是消费者个人的主观认知，对企业有着特殊的影响作用。

消费者对感知的店铺形象的好坏对消费者的满意度、忠诚度和口传意图有着重要的影响作用。在产品的质量相似或者相同的前提下，当店铺形象良好时，消费者会对该店铺产品产生较好的印象，这时会出于对店铺的喜爱，从而对该店铺产生满意度；满意了的消费者会产生忠诚，进而会把该店铺的产品介绍给亲戚或者朋友，这样就促进了口传或者口碑意图的产生。当然，也有不少的研究认为，在消费者所感知的店铺形象与满意度之间加入了消费者实现度这个因素，他们认为，良好的店铺形象会使消费者在该店铺购买产品，从而实现自我的价值，他们会因此感到开心和愉悦，这时才能促使满意度的产生。消费者的实现度是指消费者的自我价值实现和心理的愉悦程度。该研究表明，消费者的实现度在店铺形象与满意度之间能够起到积极的中介作用，这也为以后的研究奠定了基础。当然，对于一个陌生的消费者而言，店铺的形象是其选择产品的重要依据，外在形象和内饰空间越好，消费者就越容易被吸引，此时他会感到物有所值甚至物超所值。

对于企业而言，好的店铺形象是企业在市场竞争中立于不败之地的首要因素，打造良好的店铺形象要遵循以下几个步骤：第一，要有比较合适和恰当的位置。店铺的选址是影响消费者购物非常重要的因素，消费者不会选择路程较远或者比较偏僻的地方购物，所以位置的好坏非常重要。第二，要有适当的宣传活动。企业通过自媒体或者其他媒体的宣传与报道，使消费者可以了解更多的产品信息，让消费者从中受益。第三，店铺内部和外观的管理和设计要到位。主要是店铺内部的硬件和软件设施的设计和摆放，还有外观的设计要好，同时员工的服务也要到位。第四，对消费者的反应要迅速。当遇到消费者不满意时，要迅速、及时、恰当地处理。

在现实中，相同或者相似的产品很多，但是店铺形象的类别就不尽相同了，如何以良好的店铺形象打动消费者，在众多的店铺类别中脱颖而出，实现差别化和差异化，是企业需要不断完成的任务和课题。特别是没有实体店的电商店铺，更要实行这种差异化，以博得客户的青睐。淘宝上有很多店铺差异化就做得很好，吸引了很多客户来购买，比如，实体企业中星巴克以自己独特的绿与白的颜色设计打动了不少的消费者。

店铺形象的差异化定位可以是单因素的，也可以是多因素的。单因素的差异化是店铺形象对于某种因素进行的差异化的表现形式，例如，内部硬件设施或者是品牌的颜色等；而多因素的差异化是店铺对多种因素同时进行的差异化的表现形式，例如，内部硬件设施和外观的设计颜色等一起进行。在现实中多因素差异化使用得最多，但多数情况下由于企业资源和实力不足，不可能对多种因素同时进行差异化，因此需要找到对消费者影响最大的因素，即消费者最重视的因素来进行差异的优化。某个差异化的因素可能只会在某种特定的行业中出现，是那个行业特有的性质，而在其他行业中就显得没有那么重要。同一差异化的因素在不同行业中的重要性是不一样的，所以企业要去发现哪种行业适用于哪种因素，并进行差异的优化。

在目前大多数的研究中，对于店铺形象的定义和概念只适用于实体经营的店铺，对于网络电商的店铺还没有进行概念的诠释。最早对实体店铺下定义的学者是 Martineau，在他的研究中认为，店铺形象是消费者主观感知的产物，主要是由心理属性和功能属性构成的。对于店铺形象的测量指标，不同的学者有不同的建议：Lindquist 认为，店铺形象包括 9 个方面的指标，并验证了其信度与效度。Doyle 和 Fenwick 认为，店铺的形象主要是由 10 个测量指标构成，但经过验证剔除了效度和信度弱的 5 个指标，只保留了 5 个。在 Chowdhury 的研究中，将店铺形象分为服务、产品、室内氛围 3 个方面。Thang 和 Tan 将店铺形象分为硬件和软件设施、服务、品牌颜色和策略 4 个维度。

在吴锦峰的博士论文《店铺形象、自有品牌感知质量对零售商权益的影响》的研究中组成了关于店铺形象和零售商权益之间关系的研究模型，通过统计数据分析，检验了零售商的店铺形象和品牌的感知质量对零售商的权益产生了显著的、积极的影响，而店铺形象的 6 个测量维度都对零售商的权益产生影响关系。在这 6 个维度中，购物的便利性是对零售商权益影响最大的维度，也是最重要的因素。其次是店铺的名誉、员工的服务水平、价格、设施和店铺的外观设计等。根据研究的结果，吴锦峰建议，大型超市应该以店铺形象为基础去吸引消费者，而店铺形象中最重要的是消费者的购物环境的便利性，所以企业应该通过加设购物通道、增加购物车的数量等手段来提高消费者购物的便利性。

选址问题一直是影响零售店铺形象的重要因素，零售店的选址问题包括周围店铺的档次，周围环境的繁华度，是否有停车场，交通是否方便，等等，这都会影响到消费者对店铺形象的感知程度。越是繁华的地段，消费者越是认为档次高，这时店铺的形象也会跟着提高，这是消费者的心理在起作用。在石原武政（2006）的研究中，他把这一现象解释为"在消费者不了解店铺的前提下，上述几种因素是消费者对店铺所期待的，这种期待也成为消费者判断店铺形象的重要依据"。在 Burns（1992）的研究中，认为这种期待现象是企业在不经意间间接造成的现象。

在很多学者的研究中，周边环境对店铺的形象有着积极的影响，即如果周边范围内都是大型的、高级的百货店，那么消费者就会对这个范围内的小型商店的店铺形象有着积极的影响关系，即顾客所感知的店铺形象也会是高级的；如果店铺周边范围内都是廉价的商店或者是农贸市场，那么就可能会对周边的店铺形象产生消极的影响关系，即消费者就会认为周围的店铺销售的都是一些低廉的产品，而对于店铺的印象也不会太好。所以，为了自己店铺的形象，零售商店的选址必须要适当，应靠近繁华区域。

在赵晓民（2009）的研究中，通过对产品的价格和质量的差异分析，进一步证实了商店所在的区域范围会对消费者所感知的店铺形象产生积极的影响关系，即繁华地段的店铺所销售的产品价格和质量肯定会比其他地区的商店所销售的产品价格要高，质量要好，那么店铺的形象自然会好。还有学者认为，消费者对零售商品店铺形象的印象，是消费者根据自己的经验和对产品所了解的知识来进行判断的。

消费者在评价某个店铺的形象时，是根据店铺内所销售产品的质量和价格等属性来进行判断的；还有基于个人的亲身经历和所获得的知识与产品的质量和属性进行比对之后，所形成的主观意识判断。但是，这个评判在一定程度上会受到店铺的其他属性和特征的影响，当然消费者不可能对店铺里的所有产品和属性一一进行比较，而可能是对自己所购买的产品进行属性的对比，然后形成对店铺的主观意识。所以，零售商首先要改变自己店铺的形象，通过改变形象来激发和促使消费者对店铺形象的感知。比如，改变服务质量和店铺设施的布局来影响消费者的店铺形象感知。

店铺形象的改变对一个企业的管理者来说是一项技术项目。由于消费者的心理作用，对某些特质的感知会直接地或间接地影响对另一种属性的判断。比如，如果消费者看到店铺内部豪华的设施和环境设计，会觉得商店里的产品非常高级且价格昂贵。所以，只要对消费者的属性感知程度进行强化，那么自然会提高消费者对店铺的感知程度。

在很长的一段时间内，学者对店铺形象进行了研究，但遗憾的是，至今没有找到关于店铺形象的统一的定义和测量指标。Martineau（1958）是较早研究店铺形象的学者，他将店铺形象定义为在消费者心目中的关于店铺的印象，他将店铺形象用价格、质量、颜色等测量指标来进行测量。在 Kunkel 和 Berry（1968）的研究中认为，消费者以往对店铺商品的体验、经验和知识是对店铺形象产生影响的重要因素。他还认为，店铺的形象是消费者被店铺的环境和产品的属性不断强化的结果，并利用质量、类别、服务、广告和氛围等 12 个指标对店铺的形象进行了测量，并有效地验证了信度和效度。

在 Lindquist（1974）的研究中指出，店铺的形象实际上是消费者所感知到的店铺的有形或者无形因素或者功能性因素和心理性因素的综合构成体。所谓有形因素是指消费者看得见的因素，比如硬件设施和设备；无形因素则是消费者看不见的因素，比如店铺的氛围和员工的服务水平；功能性因素指的是与产品的功能有关的因素，而心理性因素则是消费者通过其他的外界因素而感知到的主观的内容。Oxenfeldt（1974）对店铺形象进行了测量，他从促销、设施、方便等因素对店铺形象进行了系统的测量，并且将店铺的形象分为实体、非实体和虚拟。所谓实体就是消费者能看见的因素，相当于有形因素；所谓非实体就是消费者看不见的因素，相当于无形因素；所谓虚拟则是有形和无形相互综合的因素，无形大于有形。在 Bloemer 和 Ruyter（1998）的研究中，把店铺形象的测量指标定为氛围、价格、促销和销售等因素。

国内关于店铺形象的研究主要是在 2000 年以后。比如，汪旭辉（2007）、杨宜苗（2008）、吴锦峰（2009）等学者都对店铺的形象进行了一定程度的研究。在他们的研究中，使用的测量指标也是相似的，主要有店铺名声、服务流程、店内商品的摆设和服务等因素。在对比分析关于店铺形象的国内和国外的研究时可以发现，店铺名声、服务流程、店内商品的摆设和服务等几种因素是学者们使用最多的测量指标。在这几种因素中，使用最多的因素是店铺的名声或者是名誉。

关于店铺形象的定义和量表已经比较成熟，在国外关于这方面的研究也是比较多的。在 Nevin 等（1980）的研究中，把店铺形象划分为形象属性和突出属性两大类。形象属性是员工的服务态度因素，而突出属性则是店铺内所陈列的产品。Wong 和 Teas（2001）将店铺的形象用产品质量、位置和服务 3 个维度来进行测量。Mitchell（2001）使用了有形属性、无形属性、店铺外观和消费者心理 4 个维度进行了分析。Rich 和 Portis（1964）采用了商品陈列程度、位置、员工态度 3 个维度来对大型超市的店铺形象进行研究。

Fisk（1962）在其研究中初次提出了用店铺与消费者之间的恰当关系来对店铺的形象进行测量，并使用了 6 个维度：恰当的位置、恰当的产品、恰当的服务人员、恰当的价格、恰当的室内店铺设计和恰当的消费者满意度。在 Thang 和 Tan（2003）的研究中，用购物的便利性、其品牌的名誉和销售活动等维度对大型超市的店铺形象进行了量化研究，研究结果是这几个维度都具有信度和效度。Stephenson（1969）对大型百货店的店铺形象进行研究，他提出了服务便利性、价格、店内的装潢等维度，同时也验证了其信度和效度。

在 Lindquist（1974）的研究中，对店铺的形象进行了深入的研究，他提出了研究店铺形象的 9 个维度，即产品、促销和销售、店铺氛围、店铺位置、服务、设施（软件设施和硬件设施）、满意度、忠诚度、口传意图。Sung 和 Young（2005）的研究在 Lindquist（1974）研究的基础上又提出了 3 个测量维度，即广告媒体、信用和品牌。Sung 和 Young（2005）的研究算是对店铺形象测量指标的一个总结，在总结前人测量维度的基础上，又提出了新的维度，所以 Sung 和 Young（2005）对店铺形象的研究是比较全面的。Desai 和 Debabrata（2002）对店铺形象的属性进行了细化，包括购物车的尺寸和购物通道的宽窄等。在国内的研究中，对店铺形象的研究比较少，研究对象主要是大型超市和大型百货店。

吴长顺和范士平（2004）对大型超市的形象进行了比较全面的研究，他们提出 10 个维度来对超市的形象进行诠释，即产品类型、产品质量、商店位置、产品陈列的位置、产品摆放的高度、促销、店内氛围、购物便利性、服务人员的态度、服务人员的面容和着装。在宋思根（2006）的研究中，用店内装潢、店内设施的摆放位置、产品价格、产品款式等维度对大型百货店的形象进行了研究。汪旭晖和陆奇斌（2006）对综合超市的店铺形象进行了量表的设置，包括产品形象、促销与宣传、店内环境、购物便利等维度。

在国外的研究中，关于店铺形象的定义和概念最早是由 Martineau 提出来的，但是在他的研究中只提到了定义和概念，并没有涉及对店铺形象如何进行量化。对于店铺形象的定义和概念，也只是体现了是消费者对店铺的一种主观意识和心理作用，并没有对定义进行系统的描述。

从 Lindquist 的研究开始，不仅对店铺形象的定义和概念进行了比较细致的描述，还对店铺形象进行了一定的量化，使人们对店铺的形象有了更进一步的认知。在 Doyle 和 Fenwick 的研究中，开始使用多个维度来对店铺的形象进行测量，还研究了店铺形象与其他因素之间的关系。这是对店铺形象研究的一段跨越式的发展，为以后学者的研究奠定了坚实的基础。

第四节　感知价格

在消费者产品选择所使用的线索中，价格是对消费者最具有影响力的信息手段；而且价格是具体的、可以测量的，所以消费者更信任价格（Shapiro，1968）。消费者对价格的认识，对其产品选择影响很大。另外，消费者并不是只纯粹地考虑价格，而是选择包括价值认知在内的感知价格。特别是由于经济的不确定性和不景气，消费者对价格反应敏感，更看重性价比。

所谓感知价格，是指消费者所认知的估值，不仅包括为获得产品而支付的金钱方面的代价，还包括与消费者价值感知有关的代价的可视或非可视因素（Zeithaml，1988）。Jacoby 和 Olson（1997）将感知的价格定义为消费者的感知表现或主观的感知。消费者对价格的感知与价格有关，是营销领域需要考虑的重要因素。消费者感知的价格不仅与产品质量和感知有直接关系，还决定了商品的购买意图或购买行为。一般而言，消费者在没有产品质量信息或知识的情况下，会倾向于将价格作为评价质量的指标。在可接受的价格范围内，消费者愿意支付的最高价格被称为保留价格或最高接受价格。消费者认为，对于超过保留价格的产品价格，由于过于昂贵而难以接受。另一方面，在可接受的价格范围内，最低的产品价格在消费者可以接受的价格水平以下，所销售的产品按对质量有怀疑的价格来看待（Andreand Granger，1996）。Lichtensein，

Ridgaway & Netemyer（1993）的研究表明，消费者不愿支付高于可接受的价格水平，或只愿意支付低廉的价格。

消费者在购物过程中所感知的价格指的是消费者所期待的价格与商店里实际所销售的价格之间的差异。当实际所购买的价格低于消费者所期待的价格时，消费者对此产品所购买的可能性就会比较大；而当实际的价格高于消费者所期待的价格时，消费者选择该产品的可能性会大大降低，这时该企业的产品在市场竞争中就会处于不利地位。在 Lichtenstein、Ridgway 和 Netemeyer（1993）的研究中，以价格为依据，把消费者分为价格敏感性高的消费者和价格敏感性低的消费者。价格敏感性低的消费者一般情况下看中的是产品的质量，对价格的变化并不是很敏感；而价格敏感性高的消费者主要看重的是价格而不是质量，价格的变化会对消费者的购买行为产生很大的影响，消费者在购物时，主要是根据价格去购买产品。价格敏感性高的消费者只会购买价格低的产品，由于零售商的产品（PB）的价格一般会比制造企业的产品（NB）的价格低 5% ~ 10%，所以对于价格敏感性高的消费者而言，通常会购买零售商自主研发的产品。在 Laaksonen 和 Reynolds（1994）的研究中发现，消费者购买零售商自主研发的产品的原因是省钱，而在其研究中所研究的对象几乎都是价格敏感性比较高的消费者。然而从省钱这个角度来看，价格昂贵的制造企业的产品会大大降低消费者对制造商产品的购买欲望和意图。他们会认为产品的质量相似，没有必要去购买昂贵的产品。还有很多研究也得出同样的结论，就是价格敏感性高的消费者认为价格低就是购买产品的最重要的因素，购买昂贵的产品是在浪费金钱。Sinha 和 Bata（1999）、Jin 和 Suh（2005）的研究分别以美国的超市和折扣店为研究对象，发现消费者还是喜欢价格比较低的零售商自主制造的产品。

在陈国平（2009）的研究中认为，消费者会把商家所销售的价格和自己心里所希望的价格进行对比，然后再去考虑购买哪种产品，而消费者心里所期待的价格是消费者购买产品的标准和依据。价格实际上是消费者所付出的代价的表现，价格越高，就意味着消费者所付出的代价越大，所以消费者对价格高的产品会有一定的抵触心理。

在陶鹏德等人（2009）的研究中认为，消费者所感知的价格是指消费者对价格的主观感受。消费者所希望的价格和企业实际所销售的价格之间的比较是消费者购买决策的基础。如果所希望的价格比实际价格低，消费者就不会去购买该产品；如果实际的价格低于消费者所期待的价格，那么消费者会主动去了解产品的信息并购买该产品，这时企业产品的价格竞争力也会随之提高。

在 Erickson（1985）的研究中发现，价格与购买行为之间是负相关的关系，即价格越高消费者的购买行为就越少。Dickson（1990）的研究认为，价格对于企业而言是企业宣传的主要手段之一，对产品的价格宣传得越好，就越容易吸引消费者。Blattber（1995）的研究认为，消费者对价格进行估计的基础是参考价格。Joydeep（2001）认为，消费者感知的价格是消费者对店铺形象感知的主要组成部分之一。

很多学者的研究发现，产品的价格是与其产品自身的特征属性有关的，也就是说，产品自身的功能属性越多，其所销售的价格就会越高。因为功能属性越多的产品，企业会投入更多的时间和精力去研发和制造产品，所以价格就会高。还有研究表明，消费者会对低价格的产品产生亲密感。由于价格低的产品消费者会经常去购买，对其了解比较多，所以具有亲切感。不可否认的是高价格就代表高质量，但是高价格的产品对于普通消费者而言是遥不可及的。

也就是说，价格是企业建立消费者亲切感（Customer Intimacy）的基础之一。换个角度来说，企业可以通过价格这个手段来改善与消费者之间的关系，吸引消费者来购买，提高企业的市场竞争力。消费者所感知的产品价格本身就是，消费者根据对产品的理解而做出的对产品价值的衡量程度，是消费者对产品价值和产品质量进行综合判断的基础，同时也是维护市场秩序的必要条件。

在很多学者的研究中都提出了一个观点，即企业在市场竞争中给消费者提供的产品要保持在较低的价格上，并要对这些低价产品进行宣传，以提高企业的市场竞争能力。当然，正确的价格组合要以企业所处的行业、企业的整体策略以及给消费者提供的正确的价格等因素为主来进行。以一家大型超市为例，大型超市的产品价格组合是由大型超市所处的行业、超市的整体经营策略以及超市能给消费者提供的价值等因素来决定的，即越是垄断的行业，经营策略越是全面，提供给消费者的价值越多，那么所制定的价格就会越高。相反，行业的竞争越是激烈，经营策略越是单一，所投入的费用就会越少，给消费者提供的产品如果是零售商自有的产品品牌（PB），那么企业所制定的价格就会越低，越容易吸引消费者。

Lichtenstein 等人（1993）的研究发现，根据一般的经济理论，价格代表着消费者在购物某种商品时所付出的代价，即价格越高，消费者所付出的代价就会越大，从而对消费者的购买意图产生消极的影响。然而，在 Leavitt（1954）的研究中显示，价格水平也代表着消费者对某种产品质量的感知状态，即价格越高的产品，消费者所感知的产品质量就会越高。在 Rao 与 Monroe（1988）的研究中，当消费者对某种产品的信息缺乏或者不了解时，消费者会根据价格来判断产品质量的好坏，即价格高的，产品质量就会好。因此，对于价格敏感性较低的消费者而言，价格与购买意图呈现出一种积极的影响关系。可见，根据消费者类型的不同，价格水平对消费者购买意图的影响是不同的。

这两种类型在某种程度上存在着一定的负面作用。第一，现实生活中，一般消费者都是价格敏感性比较高的，价格敏感性低的消费者很少，即使有，这类的消费者也不会毫无顾虑地去以高价格购买质量好的产品，这样就会使得价格高、质量好的产品无法销售出去，给企业带来损失。第二，既然大多数的消费者都是价格敏感性高的消费者，就迫使企业不去生产质量好的产品，而是积极地生产质量一般、价格低的产品去迎合消费者，这样就会对企业的形象产生一定的负面影响，同时企业也无法提高自己的档次和级别。还有的研究用消费者的心理距离去说明价格现象。研究结果表明，当消费者存在的心理距离比较远的时候，价格会对产品质量产生积极的影响，即越高的价格其质量会越好；当消费者存在的心理距离较近时，价格高则意味着费用的减少，即价格越高，虽然所支付的费用更多，但是后期所支付的修理维护费用会大大减少。

对价格的感知是消费者购买产品的标准，以价格感知的中心点为基准，中心点以上是高价格，中心点以下是低价格。价格的感知与一般意义上的价格是不同的，价格的感知是站在消费者的立场与角度上对产品的价格进行主观的认知和判断，是消费者对产品信息的综合理解和评价；一般意义上的价格则是企业根据自己的各种成本来制定的价格，它所考虑的是与企业有关的供应商或者生产商的效应问题，是一个客观性的问题。一个是主观，一个是客观，两者截然不同。

在市场上，大部分消费者关注的是产品的价廉，而这里所谓的"价廉"，实际上是产品在消费者的心中产生便宜或者廉价的感知状况。这种感知状况往往会受到消费者主观的影响，与实际的产品价格会有一定的差距。也就是说，价廉并不是真正的价格便宜的感知，而昂贵也并不意味着就是价格高。正是因为两种价格之间存在着差异，才会给商家制定价格的机会，即通过对产品价格的设定，既让消费者感觉便宜，又可以让企业赚取利益，扩大自己的市场占有率。

国外关于感知价格的研究很多，近几年来涌现出不少关于价格的感知和体验的研究，但是国内关于感知价格的研究比较少，目前还处于初级阶段。例如，在罗纪宁德的研究中，他把消费者感知的价格运用到企业的定价战略中；还有韩睿和田志龙的研究，把以往关于感知价格的研究做了一定的综合梳理。目前，国内关于感知价格的研究不仅少而且都只是做了定性的研究，并没有把概念进行量化，进行定量的研究。

在卡尼曼等人的研究中提出，消费者大体是从三个心理层面去对感知价格进行评价和判断的。第一个层面是小层面（minimal account），就是根据不同的角度和不同的方案对消费者进行优惠，每个角度和方案都代表了一种可能性。第二个层面是局部层面（topical account），就是产品从一个价格降到另一个价格的比例程度。例如，产品从 125 元降到 120 元。最后一个层面则是综合的层面（comprehensive account）。综合层面指的是消费者的综合总体消费。卡尼曼认为，消费者在消费时，这三个层面都有可能用到，而优惠最大的和最多的是第三个综合层面，它是从消费者总体消费价格中减少了大部分的优惠，即消费越多，减免的额度就会越大。

此后，Mowen 在卡尼曼研究的基础上进行反复的数据分析和实验，得出了与卡尼曼相同的研究结果，即消费者消费的额度越大，其绝对优惠力度就会越强。消费者对于综合层面的优惠还是很敏感的，即当绝对优惠，也就是综合层面的优惠条件高于某个数值时，不管相对优惠的额度有多大，消费者都会选择综合层面的优惠条件。经济学理论认为，消费者既有感性又有理性，感性的是消费者会被很多的优惠条件所吸引，理性的是相同的优惠条件和力度对消费者不会产生第二次的影响。

消费者所感知的价格是由产品的内在属性和外在属性决定的。消费者根据价格的高低来判断产品质量的好坏是外在属性的一个例子；而企业根据产品的功能和质量来对产品进行价格制定，这属于内在属性的范畴。不管是内在属性还是外在属性，都决定了消费者的购买行为。

在 Monroe（1990）的研究中认为，消费者通过对产品的感知质量和产品的感知价格之间的均衡来对产品所拥有的价值做出判断。对产品进行均衡的考虑，可以提高消费者对产品客观的评价，从而对产品的购买做出准确的决策和判断。但是，这种决策和判断容易受到环境变化的影响，让消费者意识到做决策是需要付出代价的，只有当做出了正确的决策，才能让代价最小化。所以，环境的变化可以对价格或者是消费者的决策产生重大的影响力。

那么，消费者在购物的过程中，其脑海中是如何进行计算，计算的步骤是什么？消费者不管在什么环境下，都会强调和计算自己的得失情况，即付出了多少，得到了多少，付出的和得到的是否成正比。当消费者对产品的质量和价格进行权衡时，是靠所获得的产品信息去衡量的，产品信息的多少对两者之间的权衡产生一定的影响。其次，当消费者购买产品时，关于产品的每一项信息都存在着重要性的差异，这种信息重要性的排列顺序是消费者购买过程中所考虑的先后顺序，即重要的信息是消费者首先要考虑的，也是消费者所重视的内容。

当消费者确定了某种产品属性的重要性时，在消费者的脑海中关于产品信息属性重要性的排序就出现了，这时消费者根据属性的重要性对产品属性——地进行计算，从而得出每一个属性在产品所有属性中的比值。消费者根据比重大的数值进行产品的选择和购买。另一方面，是利用经济学中的差减模型，产品所生成的经济价值就是消费者所节约的成本减去产品实际的价格。对于价格的研究使用最多的方法就是统计方法，而在统计方法中多元线性模型和多元非线性模型用得最多，因为影响价格的因素是多种多样的，而它们之间存在的关系也是多样的，有正面、负面、还有曲线关系，等等。把所有关于价格的研究综合起来，大致上可以分为两种综合模型：第一种模型如公式 1 所示，在这种模型中，产品的价值是受到产品的价格和产品质量两方面的影响。

公式 1：$PV = \left[\dfrac{\sum\limits_{i=1}^{n} WiQi}{\sum\limits_{i=1}^{n} Wi} \right] \div P$

其中，Qi 为消费者对所购买产品的第 i 个属性的评判；Wi 为消费者对所购买产品的第 i 个属性所赋予的权重值的大小。从经济学的角度来看，这一公式代表了消费者所购买的每一单位的价格所对应产品的质量情况。如果产品属性对于消费者而言非常重要，那么它的权重值为 1.0，这时的模型公式为：$PV = \sum WiQi / P$。在第二种模型中，消费者将所支付的价格视为从总体的主观属性中减去自己所损失的，如公式 2 所示。

公式 2：$PV = \left[\dfrac{\sum\limits_{i=1}^{n} WiQi}{\sum\limits_{i=1}^{n} Wi} \right] - P$

如果我们把公式 2 中的权重值设为 1.0，那么模型公式 2 就会变成模型公式1。这时消费者就会把产品的正面信息和产品的负面信息相比较，来对属性进行权重值的赋予，即比较重要的正面和负面信息的权重值就会赋予1.0进行计算，在计算之前都把数值进行平均中心化，这样做的目的是更精确地计算，把误差降到最低。

消费者在购买产品时所付出的代价和所获得的利益是在不断转变的，购买环境的不同，消费者就会考虑不同的特征。消费者会通过很多因素去比较这次购买活动是否具有公平性，其对公平性的考虑有两方面：第一，如果销售商的产品价格过高是因为销售商追求利益，消费者会认为其交易是不公平的。因为企业在销售产品的过程中，并没有增加成本或者付出其他额外的努力，只是为了赚取暴利。消费者在此过程中，并没有获得意想不到的好处，反而要付出更多的费用。第二，如果某些消费者支付了较低的费用反而获得同样的产品和服务或者是更高的产品和服务，这时那些付出了同样的代价却没有获得产品和服务的消费者会感到不满和不公平。这种情形适用于老客户或者和店铺老板比较熟的消费者。这时的不公平会减少消费者对该店铺的访问次数，降低消费者的购买行为，对消费者的购买意愿产生负面的影响。

如果企业所生产产品的质量和企业所获得利益对等或者和消费者所付出的费用对等，那么消费者不会认为企业所制定的价格具有不公平性。如果双方不对等，消费者所感知的产品价值在某种程度上会增加消费者所付出的代价，因此会破坏价格和购买意图之间的关系。相反，如果产品的价值或者功能高于消费者所付出的代价，无形中就会减少消费者对所付出代价的感知，从而可以正确地诠释价格和价值以及购买意图之间存在的关系。在表3-1中诠释了在不同的相对价格水平时，产品的降价和涨价的幅度与变化趋势。所以，价格促销的优势对消费者而言不仅在于省钱，还让消费者对企业的形象有所改观。对于消费者而言，涨价所带来的不仅是心情上的不愉快，还带来了金钱上的损失，所以企业对产品价格的变化要谨慎地设计，以免给消费者带来不便。

表 3-1　价格变化的设计

降价		
价格	小幅降价	大幅降价
相对低价	正常价格和销售价格，或正常价格折扣比率，或正常价格、销售价格和折扣比率	正常价格和折扣比率
相对高价	正常价格和销售价格	正常价格、销售价格、折扣比率
涨价		
价格	小幅降价	大幅降价
相对低价	正常价格、新价格和涨幅比率	正常价格和新价格
相对高价	正常价格和涨幅比率	正常价格和新价格，或正常价格和涨幅比率，或正常价格、新价格和涨幅比率

　　在经济学的公平价格理论中，美国普林斯顿大学丹尼尔·卡尼门（Daniel Kahneman）教授在 1986 年提出了"双权力模型"的原则，他认为消费者在对价格进行认知的过程中，考虑到两种关于权利的原则，即企业要正常地获得利润，消费者要正常地获得产品的价值。也就是，企业不能不顾消费者的感受而任意抬高价格，否则消费者会对企业产生不满；消费者也不能不顾企业的利润而肆意地压低价格以获取自己的利益。这时双方都要做出让步，即企业要以适当的价格去销售产品，而消费者也要以适当的价格购买产品，这样才能实现双赢。

　　在公平价格感知领域还有一个比较有代表性的理论就是美国宾西法尼亚大学教授莉萨·波尔顿（Lisa E Bolton）在 2003 年提出来的交易模型，她主张消费者在感知价格的过程中，不仅要考虑产品的生产价格和供应价格，还需要考虑产品的销售价格以及消费者所感知的价格，并把感知价格与产品的实际价格做比较，然后形成对产品的判断。消费者要通过对市场上产品的价格和企业生产此产品所付出的代价之间的比较来判断这次交易是否具有公平性。

在综合以往研究的基础上，研究者将影响价格的因素分为四类：产品价格的组成、消费者的消费体验、消费者对于企业的信任程度以及产品的购买环境。除了公平会对消费者的感知价格产生一定的影响外，还有很多学者发现，消费者在对企业的产品进行评价时，并非只针对商品的决定价格进行考察，还要把实际的价格与消费者心中所期待的价格进行对比，如果实际的价格高于期待价格，消费者会感觉产品好，相反，消费者则会感觉产品差。

这个对产品感知价格有着决定作用并且对消费者的购买决策有着重大影响的标准就是消费者所期待的价格。显然，期待的价格对消费者的价格敏感度有着重要的作用。期待的价格越高，说明消费者的价格敏感性越低；相反，如果期待价格降低，那么消费者的价格敏感性会提高。所以，企业在生产产品时，需要先调查消费者期待的价格标准是多少，然后根据标准去购买原材料，这样就不会出现不公平的现象。

总的来说，消费者心理的标准价格是当消费者购买产品时，他所希望的为某种产品付出的代价。在标准价格形成上，大部分学者会认为消费者的标准价格是在现场购买产品时，根据产品的实际销售价格而决定的。还有的学者认为，标准价格是根据消费者以往的购物经验确定的，并且越是靠前的价格对消费者现在的标准价格所产生的影响力越大。还有人认为，消费者的特点、促销活动等因素都会影响消费者标准价格的制定。

消费者所制定的标准价格指的是消费者在购买产品时，在其脑海中回想起的与产品有关的信息。根据产品的信息，可以把消费者的标准价格分为内部标准价格（internal reference price）和外部标准价格（external reference price）。外部标准价格是根据外部环境制定的，消费者通过企业的广告、宣传等媒体信息来制定产品的价格。内部标准价格则指的是消费者脑海中所储存的关于产品信息的回忆，是消费者根据以往的购买产品的经验和体验而对产品信息的积累。当某种产品刚上市时，外部标准价格是不存在的，消费者根据其以往的购买经验来判断产品价格的高低。

在 Kalyanaram 和 Winer（1995）的研究中表明，"对于某种定义而言，有大量文献的支持是读者或消费者更容易理解的基础条件"。在 Winer（1988）的研究中解释道："某种概念的定义 p0 好比是销售的价格，而 pr 则是内部的标准价格，该研究的潜在假设是（p0 − pr）的正值是消极的，而假设（p0 − pr）的负值则是积极的。"

判断某种产品的价格取决于实际的价格和内部标准价格之间的比较，较早提出这种假设的学者是 Helson（1964），在他的研究中所提出的适应水准理论（Adaptation − Leveltheory）认为，一个人对感觉的判断取决于现在的感受和以往感受之间的适合水平比较，适合水平理论经过进一步的发展，成为现在的定价理论。定价理论是根据近期的价格、以往的价格的平均数来进行的指数平滑。

在很多的研究中都验证了内部标准价格具有稳健性。在 Kalyanaram 和 Winer（1995）的研究中提出了一个关于适应水平理论和内部标准价格的比较权威的解释："适应水平理论是关于消费者现在所受的信息刺激和过去所受的刺激的综合假设。所以，适应水平与消费者所受到的刺激有关。根据适应水平理论，以前和现在所经历的是一个适应水平，同样也与内部标准价格有关"。

企业在使用适应水平理论作为消费者内部标准价格的标准时，比利用内部过程中的描述更加准确。消费者利用适应水平理论在对自己所购买的产品进行价格评判时，是需要根据产品的颜色和光线等的视觉物质去对感官系统进行适应。该理论还说明，环境的变化和消费者的感官关注的生理刺激呈现一个非线性函数的状态。也就是说，感知价格不是对于神经系统和感官的一个强硬的刺激，而是平均值与权重的一个直接的函数集合。然而，适应水平的评判标准是利用标准差和标准误的信赖区间进行的一个综合的评判。它认为，消费者对产品价格的感知是用评判标准的左区间和右区间进行评价的，即当感知的价格数值在左区间范围内时，消费者的感知价格比产品的实际价格要低；当感知价格的数值在右区间范围内时，则感知的价格比实际的价格要高。

在先行研究中，适应水平理论可以总结为三个方面：第一，价格的反复变化说明了价格的不稳定性。第二，人们一般在不经意间回想起价格，因此对于某种产品价格的判断一般会选择一个标准价格。第三，内部标准价格与信赖区间之间的关系会高度相关。所以，适应水平理论和内部标准价格的判断是基于价格架构和信赖区间而进行的。

适应水平理论一般代表了消费者对产品做出的感官判断；而可以做出感官判断的另一种理论是区间感官理论（rangetheory，Volkmann，1951），它是对于任何一个关于产品的刺激都能进行感知和感官判断的理论。区间感官理论意味着，人们对价格的上下波动幅度的感知，是消费者对所希望价格的上限和下限的设定范围，并在该区间范围内，消费者所感知的价格具有一定的价格竞争力，是市场吸引力的相关函数，也是价格适应水平的标准模型，是上限与下限的双模型的一种。

在 Volkmann（1951）的研究中提出了相互移动的相关理论，也就是说，消费者对某种产品的感知与判断，一般是由其外界刺激物组合而成的。至于刺激物，对于消费者而言意味着其在接受外部信息时，会与脑海中的信息相互碰撞。在很多学者的研究中都对刺激物这个观点给予了极高的评价，还有很多学者的研究中都以刺激物为基础来进行价格研究。以刺激物为基础设定了一些基础假设。例如，当消费者去购买某种产品时，面对 1000 ~ 5000 元的价格，消费者首先想到的是 1000 元和 5000 元这两个价格端；而对于 1000 ~ 5000 元之间的价格对消费者产生的影响不会很强。这是因为消费者只关注最高价格和最低价格，往往会忽略中间的价格。

在 Janiszewski 和 Lichtenstein（1999）的研究中，根据过去的适应水平理论，消费者对于产品价格的感知源自产品的实际销售价格与消费者内部标准价格之间的比较，但根据区间理论的解释，消费者感知的价格与销售价格和内部标准价格之间所产生的差异是消费者所感觉的双重标准概念，特别是某个属性的大小是在某种程度的基础上升华而来的。例如，消费者根据价格的吸引力来决定汽车的价格水平，而价格是随着环境的不同而有所不同的，在某种情境下价格高，而在另一种情景下价格低。较小的价格浮动对消费者的吸引力较小，而越大的价格浮动对消费者的影响力越强。

在西方经济学的理论框架中，有一种很重要的假设，根据此假设消费者在购物时，就几乎掌握了关于产品的所有属性信息。所以，消费者的所有关于产品的信息都是来源于此种假设。但是，这种假设在实际的验证过程中并不成立，消费者一般不会对某种产品的信息一无所知，而消费者的主观感受是影响其感知价格的基础。

很多学者对经济学提出了疑问，认为经济学中关于价格的最重要的问题就是消费者的感知价格如何去影响消费者的购买意图，这种疑问可以为企业提供实际的指导意义。这些研究已经形成经济学中的重要理论，而关于消费者价格的理论就是所谓的消费者行动学理论。这个理论既是学科又是理论，在此研究中，主要的内容就是消费者对商品价格的意识性判断。很多的研究表明，消费者认为某种价格是否具有吸引力，往往是根据产品的内在价值和外在价格来决定的。

西方关于价格的研究最多也是最重要的是关于标准价格的探讨。所谓的标准价格就是消费者购买产品时所参考的标准线。消费者将实际价格与自己所感知的价格进行比较，得出的价格差异就是标准价格差。价格差异越大，消费者所得到的信息越少；反之，价格差异越小时，消费者得到的信息越多。

通过对商品的成本和利润进行比较，我们不难发现，消费者所感知的产品的价值对消费者购买决策产生重要的影响。消费者的标准价格根据人们特性的不同而有所不同，不同特性的消费者其内部的标准价格也是不同的。内部标准价格是储存在消费者脑海中的信息，同样也是消费者判断产品质量好坏的基础。

在对消费者感知价格的研究中，有很多学者对价格做了不同程度的定义，例如，Thaler 把消费者的价格描述为市场上公平的价格，Ur-banyetal 把消费者的感知价格诠释为消费者所期望的在市场上关于产品的平均价格，而在 Kalyanaram 和 Little 的研究中则把感知价格定义为消费者连续购买产品的价格平均加权值。消费者的标准价格还被定义为市场上的最低价格、消费者希望和期待的价格以及消费者所能接受的价格。总的说来，对于标准价格比较恰当的定义为，当消费者在购买商品时，他所希望并且能够支付的价格。还有学者把标准价格分为三类，即最低价格、中间价格和最高价格。这三类标准代表了价格的一个上下波动的范围，产品的销售价格最低不能低于最低价格，最高不能高于最高可接受价格。一般情况下，消费者所考虑的范围在中间价格附近上下波动。低于最低价格，企业会有损失；而高于最高可接受价格，就不在消费者的考虑范围之内。

当然，如何给这个范围做一个完整的说明，不同的学者有不同的意见。在 Urbanyetal、Biswas 和 Blair 的研究中，用最高价、中间价和可接受价格来划分消费者的标准价格范围。在 Chan – drashekaran 和 Har-sharanjeet 的研究中，使用了希望价格、平均价格和最高价格来划分标准价格的范围。在 Lichtenstein 和 Bearden 的研究中，则使用了最低价格、正常价格、希望价格和可接受价格四个类别来划分标准价格的范围。实际上，消费者的标准价格只是消费者根据自己的情况，主观考虑的价格水平，对消费者而言，不同的消费者其标准价格的范围是不同的，这是根据消费者自己的特征决定的。

对于消费者而言，产品的销售价格是企业产品的信息对消费者产生的刺激所造成的。对于某些消费者而言，这些刺激的因素是基于外在信息和内在信息源的一种函数的表现形式。消费者会根据此类函数进行产品的选择，而当消费者感觉某种价格比较合适时，会对此类价格产生适应。例如，当一个人经常购买产品的价格是 1000 元，那么他就会逐渐适应这个价格，1000 元就成了标准价格；而当这个产品卖到 2000 元时，消费者会觉得贵，而当低于 1000 元时，消费者会觉得便宜。

根据上述刺激函数的价格理论，消费者是根据自己所接受的价格刺激来制定属于自己的一个价格适应水平，这个适应水平就是标准价格。消费者在接受新的价格刺激时，会根据心中已经形成的标准价格去判断新价格的，两者进行比较，根据比较的结果，决定是否购买新的产品。

有很多学者对此有着不同的见地，在 Janiszewski 和 Li - chtenstein 的研究中认为，当人们觉得某种价格还可以接受时，消费者所使用的标准价格不是一个价格点，而是一个价格范畴。在 Volk - mann 的价格理论当中，价格的范围理论（Range Theory）是消费者对价格的一种主观上的认知，是上下浮动的一个区间范围。还有学者认为，消费者所感知的价格是一个价格点，但是这种情况是基于产品是一般消费用品时才使用的，而对于价值比较高的产品而言，则使用的是一个价格的范围。

所以，消费者的标准价格在学术研究中使用最多的是价格的范畴理论（Range - Frequency Theory）。其实，在对产品进行购买之前，当消费者搜集到关于产品的信息时，其内心实际上已经形成了一个价格的标准线，消费者就是利用这条线来形成价格的波动范围或者是价格的区域。当某种产品的价格落在这个价格区域时，这个价格就是消费者所考虑的价格；当价格落到区域之外时，消费者是不会考虑这个价格的。

在 Ahneman 和 Tverskey 的研究中提出了希望理论（Pros - pect Theory），这种理论的本质是用来说明当产品的销售价格与消费者的标准价格不一致时，消费者会进行反应，而把这种反应用一个价格函数来表示就是希望理论。希望理论也是根据消费者对产品所期待的价值来进行判断的。价值越高，希望越高；价值越低，希望就会越低。消费者的得失感知就是用希望力量来进行诠释的。

希望理论的价值函数分为两段，收益的价值函数是呈向外的凹型，而损失的价值函数是呈向内或者向里的凸型。消费者的价格标准点是凹型曲线和凸型曲线相互交叉或者连接的拐点，这说明了消费者对于损失的反应更加重视，消费者在选择产品时虽然重视产品带来的利益，但更重视自己的损失，因此，消费者对价格大于标准点的反应程度会远远地高于价格低于标准点的反应程度。希望理论示意图如图 3-4 所示。

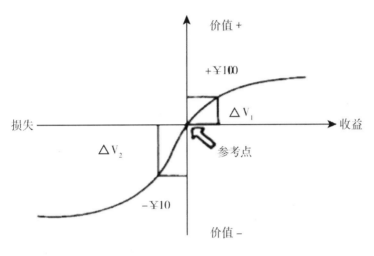

图 3-4　希望理论示意图

第五节　感知价值

关于感知的价值，Zeithaml（1988）的研究中给出的定义可以说是最容易接受的，他把支付感知价值的费用与所获得的好处与便利的关系定义为，对于企业所提供的产品，消费者对其效用进行的评价。感知的价值是个人的、主观的，可以说，对于同样的产品，每个人的感觉都不一样，根据个人需求、偏好、价值以及其他情况，对感知的价值有不同的认识。

消费者一旦感受到需求，就会在脑海中浮现出各种方案，在那么多方案中选择并购买最能满足自己需求的方案；而且消费者在选择替代方案时，也会考虑他们需要付出的代价或费用。因此，如果消费者在选择商品或服务时，从自己想到的替代方案中选择对自己最重要的方案，并认为与支付的费用相比比较合适，就会购买。

参考有关感知价值的先行研究可以发现，在消费者行为领域，很多学者从经济层面和心理层面对感知价值进行了研究。对于感知价值，有两种看法：第一种是某种评价的结果。在这个观点中，消费者从支出的全部费用中得到的实惠，被视为服务评价或结果评价。第二种是有货币价值和非货币价值两种看法。首先从货币价值的角度来看，可以说企业的生产成本和企业产品的质量水平对消费者的感知产品和企业的价值有着显著的影响作用。总而言之，消费者所感知的价值是消费者对能够满足客户需求的产品或服务的效用价值的全面评价。

一般情况下，消费者无法客观地比较及判断商品的费用和价值，因此会根据本人直接认识的价值做出行动。消费者选择自己认为价值最大的产品，该产品是否能够正确地传达期望值，是影响消费者对商品的满意以及重复购买行动的重要因素。也就是说，消费者在判断自己想要购买的商品或想要获得的服务时，不是客观或精确地判断和评价，而是根据感知的价值来进行判断和评价的。

根据 Zeithaml（1988）的研究，感知的价值可分为三种：第一是价格低廉，第二是消费者在商品上的需求，第三是消费者可以对比支付的价格获得的质量。以消费者通过购买商品及使用商品获得的目的、需求为基础，根据所使用产品的要素或使用结果形成的消费者对感知产品的态度或偏好就是感知的价值，这与其说是企业客观因素决定的，不如说是消费者自己思考和感知的（Woodruff & Gardial，1996）。消费者感知的价格和感知的质量对感知的价值有着很显著的影响关系，比如，当消费者感知产品价格与产品质量对等的时候，就会感知到价值，有的消费者觉得价格便宜时，就会感知到很高的价值。说到底，感知的价值，就是消费者的整体成本和消费者的整体价值之间的差距传递给客户的价值以及对客户的利益和收益。整体费用是指与营销活动相关的金钱以及时间、心理费用；整体价值是指企业的营销活动，消费者能够获得的所有形象价值、人力资源、服务及商品等的集合。对消费者的购买行动能够真正产生积极影响的变量就是消费者所感知的价值，这是消费者产生的主观感觉，并不是供应商通过对成本的计算获得的，而是消费者所感知的产品价格与服务质量的比值。很多的国外学者都对感知价值从不同的角度进行了阐述，他们对感知价值理论都有比较深刻的理解，认为消费者的感知价值可以影响消费者对产品的购买意图，是消费者产生购买决策的动因之一。因此，消费者在购物时，产品与价格之间的比重即性价比越高，消费者所能感知到的价值越大，其购买的可能性就越大。关于感知价值的主要先行研究如表3－2所示。

表3－2　关于感知价值的主要先行研究

研究者	定义
Gale B（1994）	对特定产品的相对价格调整，以消费者所能感知的企业的产品质量和其他企业的产品质量相比较，对企业的产品与服务提出消费者的意见和认识
Kotler & Armstrong（1994）	为满足消费者的需求而使用商品或服务的所有权，对过程中发生的结果进行感知评价
金正华（2007）	消费者对拥有和使用任何品牌所有权时感知的便利和商品所需费用之间的差异的全面评估
金成泰（2011）	消费者对商品和服务持肯定态度或否定态度的评价
金智熙（2012）	使用特定的产品或服务，根据经验获得的优惠、好处与为此付出的费用之间的差别
吴东润、李秀凡（2013）	与消费者对商品、服务的认识感知的费用相比，消费者所感知的效益
刘洋浩（2014）	消费者感知到的销售促进报价的金钱价值、非金钱价值和整体价值

很多学者认为，消费者所感知的企业的品牌价值或者是产品价值等与价值有关的因素，都可以促进企业的发展，是企业发展必不可少的因素。所以，在Hospitality的市场发展中，价值是必不可少的因素之一，

很多企业的经营者都开始重视价值对企业发展的意义，原因在于消费者所感知的价值对其产品购买意图或者购买行为会产生重要的影响。

在市场竞争激烈的今天，只有那些能够发现消费者价值并且能够第一时间满足消费者价值需求的企业才能在市场的竞争中立于不败之地。也就是说，消费者的价值是企业在市场竞争中成功的重要因素，只要消费者的价值得到了满足，他们才会经常光顾企业，经常购买企业所生产的产品，企业在市场上才会具有优势，最终对企业的绩效产生积极的作用。因此，消费者所支付的费用与产品的性能之比就是价值所在，即消费者支付的费用越少，所得到的利益越多，这时的价值也是最高的。

很多学者都对感知价值进行了研究，但综合起来无非是两个方面：第一，是关于感知价值测量指标的研究，感知价值的指标从一开始的单一因素到现在的多因素，不同的学者对感知价值的研究是各不相同的。感知价值维度划分如表 3 - 3 所示。

表 3 - 3　感知价值维度划分

学者	年份	感知价值维度划分
Zeithaml	1988 年	内在属性、外在属性、价格
Pertrick	2002 年	价值质量、名誉价值、费用价值、行动价值、感性价值、经济价值、环境价值、信息价值、情绪价值
燕纪胜	2008 年	感知成本
蒲红	2010 年	核心服务、品牌形象、硬件质量、可达性、价格
沙绍举、邹益民	2012 年	感知服务质量、情感价值、会员制、产品服务价格、获取便利性
赵雅萍、吴丰林	2013 年	客房产品、基本服务、情感关系、地理位置、物有所值
郑一波	2014 年	炫耀价值、独特价值、质量价值、享乐价值、自我发展价值
宋洋洋	2016 年	质量价值、价格价值、服务价值、情感价值
张艳艳	2017 年	质量价值、服务价值、社会价值

沙绍举、邹益民等对感知价值进行了实证性的研究，他们首先使用因子分析方法分析了感知价值和满意度与忠诚度的效度，然后分析了信度，结果都有很高的信度和效度。然后对感知价值、满意度和忠诚度进行了相关分析，并使用回归分析方法分析了变量之间的影响关系，最后使用了 t - test 和方差分析对人口统计特征的价值、满意度和忠诚度之间的差异进行了检验。王怀林、陈明志、于承新等人使用了层次分析法对感知的价值进行了分析，首先构建了简单的层次水平，即目标层、准则层和方案层，并根据萨蒂提出的 1 ~ 9 尺度法对各层次的因素进行打分并赋予权重值。方案层是层次分析法中的第一个层次，方案层要具体化，不能过于笼统。经过准则层最后上升到目标层。宋炳华、马耀峰、高楠等学者利用文献梳理研究的方式对旅游地的感知价值进行了一定程度的文献研究。

关于感知价值概念的较早提出者是德鲁克，经过他的研究感知价值有了雏形，他在 1954 年出版的著作《管理时间》中提道"消费者在市场上所进行的所有消费都是价值的表现形式"，但在他的著作中并没有深入地探讨感知价值，只是给出了一个框架式的概念。在 Zaithaml（1988）的研究中，从消费者的角度对感知价值的概念进行了阐述。她把消费者感知的价值解释为：消费者所付出的代价与消费者所获得的产品的功能或者性能所带来的优势之间的比重。白长虹（2001）认为，消费者的感知价值是消费者主观的行为，同时也是其对所付出代价的整体评价。因此，消费者的感知价值是在对属性和价格进行比较后，对自己得失的整体评价，是影响消费者满意度和忠诚度的重要因素之一。对于消费者感知价值的指标，目前主要有单因素和多因素两个。多因素是使用最频繁的，有二因素、三因素、四因素和五因素等，其中四因素和五因素使用得最多。比如 Sweeny 和 Soutar（2001）提出了感性、经济、社会、价格四种因素。史涛等（2014）把消费者的感知价值分为感性价值、经济价值、功能价值、社会价值以及得失五个因素。

消费者感知的价值指标具体可以归纳为以下四种。

1. 功能价值

产品的功能价值就是消费者所购买的商品本身所具有的功能或者性能等给消费者带来的便利。功能价值是消费者购买产品所考虑的最基本的因素。它可以分为两部分：第一部分是产品的内部因素，第二部分是产品的外部因素。内部因素是产品的本身所具有的特质，是产品最基本的因素。外部因素则是指外部环境对产品本身性能的影响，它包括外部包装、流通加工等因素，是给消费者以安全的功能。在市场竞争激烈的当代，消费者更注重的是内部因素，但是这不等于忽略外部因素，外部因素一样很重要。

2. 感性价值

消费者所感知的感性价值指的是以优质的产品质量为内容，激发消费者对产品的满足，促使消费者产生愉悦的心情。产品通过对质量的生产和对外观的设计，以高质量和精美的外观打动消费者，用各种情感去感动消费者，从而形成共鸣，获得消费者的青睐。

3. 社会价值

社会价值指的是消费者在购买产品的过程中所得到的尊重。这里的尊重不仅指企业或者员工对消费者的尊重态度，还指当消费者购买了产品时，产品的质量或者性能带给消费者的社会尊重和认可。根据国内 2017 年的消费者数据，29% 的消费者在购买产品时会发微信朋友圈，而 41% 的消费者想要通过微信朋友圈得到朋友更多的认可和关注，从而形成社会价值。还有人通过抖音和快手短视频等平台来分享自己的产品，想要在短视频平台上获得社会的认可。

4. 感知得失

消费者对得失的感知指在购物的过程中，消费者对自己所付出的代价的感知程度。主要包括货币形式和非货币形式。非货币形式有时间、精力因素等，货币形式就是与金钱有关的费用因素。消费者付出的代价越少，感知就越多，失就越少；相反，得就越少，失就越多。

消费者对感知的价值理论指出，消费者一般看重的是产品自身所具有的功能和性质，实际上是产品的功能带给消费者的便利性。在 Bis-was 和 ROY（2015）的研究中，把消费者的感知价值分为四个组成部分，即费用价值、社会价值、经济价值和感性价值。在 Koller（2011）的研究中，把产品的价值分为四个组成部分，即得失价值、社会价值、情感价值和经济价值。在 Hur 等（2013）的研究中，情感价值、得失价值是影响消费者满意度的最重要的两个因素。因此，本书中所使用的感知价值的指标包括经济价值（反映消费者对产品的质量和价格的性价比值，即得失情况）和感性价值（反映消费者对产品质量的满意度和喜悦的心情等）。

很多对消费者感知价值的文献表明，消费者的感知价值会对消费者的购买行为产生显著的影响关系。如 Asshidin 等人（2016）的研究表明，消费者的经济价值和感性价值会对其产品购买行为产生显著的影响。Papista 等人（2018）的研究表明，消费者的感知价值会促进消费者的购买意愿。Medeiros 等人（2016）的研究发现，绿色产品的价值感知对消费者的满意度产生了积极的影响。所以，企业应站在消费者的立场上去考虑问题，从消费者的需求出发，及时满足消费者的需求，以在市场竞争中立于不败之地。

在 Zeithaml（1988）的研究中，对消费者感知价值的概念进行了一定程度的定义，他指出，消费者的感知价值是消费者对其所付出的代价与所得到的利益进行公平的衡量后，对产品的质量所做出的整体评价。在 Sweeney 和 Soutar（2001）的研究中提到，消费者的感知价值包括经济价值、感性价值、功能价值和心理价值四个方面。在 Sparks 等人（2001）的研究中实证分析了社会责任感与消费者感知价值之间的关系，并认为，社会责任感强的企业其产品价值也不会太差。李海芹、张子刚等人（2010）用回归分析验证了社会责任感对消费者的感知价值有着积极显著的影响关系，即社会责任感越强，感知价值越高。

如果企业能够证明其产品功能可以带给消费者价值，那么消费者的品牌认可度就会得到大幅提升。一般情况下，企业的品牌价值能够促进消费者对企业形象的改变，好的品牌价值消费者会感觉到好的产品感知价值，那么也就会认可企业的产品。品牌带给消费者的经济价值和感性价值越高，消费者付出的成本就越低，心理承受的负担就越少。

感知价值是消费者对产品或所受服务的主观评价和判断。在 Para-suraman 等人的研究中，把消费者的感知价值分为获得、交易、使用和享受四个层面，获得和交易是属于购买前的层面，而使用和享受是属于购买后的层面。白琳对手机的感知价值进行了划分，包括功能价值、性能价值、经济价值和品牌价值四个方面。本书结合先行研究和文献，对感知价值进行综合梳理后，使用了两个层面，即经济价值和情感价值。

5. 经济价值

经济价值是消费者在购买产品时，对所付出的代价和所获得的利益进行比较衡量，是消费者在购买产品时首先要考虑的因素，也是消费者购物的基本参考条件。相较于消费者付出的代价，其所获得的利益越高，消费者所感知的经济价值就会越高；相反，代价越高，消费者所感知的经济价值就会越低。消费者的感知经济价值高，对其购买行为也会产生积极的影响。感性价值是消费者在购买产品的过程所产生的愉悦心情，不管是消费者因为购买到自己所喜欢的产品而高兴，还是因为周围的环境或者员工的服务而心情愉悦，都属于感性价值的一个层面。所谓的社会价值就是因为消费者购买的某种产品而得到社会或者周边朋友的认可，这也是消费者感知价值产生的因素之一，即不管是经济价值，还是社会价值，只要企业认真经营产品，就会获得消费者的感知价值。

当消费者购买产品时，如果企业产品的质量能够满足消费者或者超过消费者的心理预期，消费者就会感到满意，这种满意度和满足感的持续程度要看消费者所付出代价的多少，如果消费者所付出的代价过高，就是产品质量再好，超过消费者的期待，消费者也不会持续地购买。所以，企业在提供能够满足消费者需求的产品的同时，还要制定相对应的价格，即价格不能太高，否则会影响消费者的购买欲望。

在国内外有很多学者对消费者的感知价值进行了研究，而消费者的感知价值在某种程度上是一种比较抽象的概念，是消费者主观的概念，因此，企业要想具体地了解感知价值，就必须对感知价值这个概念进行一定程度的量化，以所得到的数值来分析消费者感知价值的程度。很多学者对感知价值进行了划分，比较一致的划分为经济价值、感性价值、社会价值和心理价值，但这些划分还是不足以让企业仔细地了解消费者的价值，还需要在这些概念的基础上再进行划分。目前，细分的研究还是不足以量化感知价值。

　　企业所提供的产品能否被消费者认可，是其感知价值的表现形式，而这种价值表现形式的强弱也决定了消费者的购买决策。在消费者购买产品之后，会对该产品进行一定程度的评价，包括经济上的和精神上的，从而形成价值，决定以后是否继续购买此类产品。消费者的感知价值是一种得失之间的平衡程度。当得大于失，消费者会获得利益，而企业会有损失；相反得小于失，这时企业就会获得利益，而消费者就会有损失。所以得失之间要平衡。

　　在 Sheth、Woodruff 和 Philip Kotler 的研究中，消费者感知价值模型的应用较多。Sheth 从功能、社会、情感、认识和情境 5 个方面价值体现了消费者感知价值的内在构成因素。Woodruff 从产品属性、属性偏好和结果评价 3 个方面体现了消费者感知价值的层次观念。Philip Kotler 则从消费者总价值和消费者总成本两方面实现消费者让渡价值观。考虑基于消费者感知价值的医疗信息服务评价是消费者在就医全过程中对医疗信息服务的体验获得与实际感知得失之间的权衡，同时又包含相对付出的时间、精神情感等方面的感知，综合考虑，Philip Kotler 所提出的消费者让渡价值理论模型在本书中也有所应用。

　　在 Philip Kotler 的研究中，消费者的让渡价值模型分为经济价值、感性价值、费用价值、情感价值、品牌价值、社会价值、得失价值和心理价值 8 个层面。深入研究并分析让渡价值模型的应用案例，发现消费者对医院所提供的产品信息、医疗器械、医务人员的技术水平和专业能力等方面需求都很多，但并没有实际体验或感知信息手段付出的货币成本，或是某些形象价值，如 Alipour 等在研究医院信息系统过程中，着重考虑人为因素以及成本和时间等因素。因此，本书结合王巍等对消费者让渡价值的部分内容，重构了一种适用于本书的消费者让渡价值理论模型，依据科学性、系统性、动态性、可比性、综合性原则构建评价体系，根据这一体系，消费者的价值模型分为经济价值、感性价值、费用价值、情感价值、品牌价值、社会价值、得失价值、心理价值和冲突价值 9 个层面，在原有层面的基础上增加了冲突价值这一层面，并运用重构后的消费者让渡价值理论模型进行消费者的医疗信息服务评价指标体系的构建。

消费者对产品价值的感知指消费者在购买企业的产品的过程中对利益得失的一种感受与认知行为，相关产品及服务是用户感知价值的主要内容及目标，其感知价值的本身是消费者。近年来，诸多学者多将各个领域的相关服务与消费者的感知价值相结合，把企业的服务质量与消费者所感知的意思相关联。如在 Liang 等和 Conce 的研究中以不同视角、不同方式探讨了用户对信息系统的需求与满意度；邓李君等将用户感知的直接行为体现于数字图书馆影响因素研究中；赵闯和孙华分别在高校图书馆学科服务评价和质量评价体系中考虑消费者感知价值的行为影响；王巍等以消费者感知视角探讨了有关医疗信息服务的指标体系。由此可知，消费者感知行为在国内医疗信息服务领域的研究仍不够充分，因此，探讨用户感知层面的医疗信息服务评价体系是必要的和紧迫的。

在 Zeithaml 的研究中，对消费者的感知价值与其他的概念进行了划分，并研究了感知价值与其他概念之间的关系。在这些关系中，感知价值大部分都作为因变量来进行研究，即哪些因素是影响消费者感知价值的重要因素。此后很多学者对感知价值的概念和定义进行了综合性的阐述，但基本概念和 Zeithaml 研究中的定义和概念是相似的。最初关于感知价值的研究对象主要是有形的产品，并且种类繁多，如经济价值、感性价值、费用价值、情感价值、品牌价值、社会价值、得失价值和心理价值等。同时也对变量的相应指标进行了测量，主要包括 5 种：产品价值量表（Material Values Scale，MVS）、财物评级量表（Possession Rating Scales，PRS）、个人购物价值量表（Personal Shopping Value Scale，PSVS）、感知价值量表（Perceived Value，PERVAL）和体验价值量表（Experiential Value Scale，EVS）。

随着理论研究和实践研究的快速发展，在不同的行业对消费者的感知价值的研究是不同的，大体可以总结为3种类型，即经济价值、感性价值和社会价值。经济价值是消费者在购买产品时所付出的代价和所获得的效益之间的比重，它是消费者购买产品的基本参考线；感性价值指当某种产品的属性能够给消费者带来愉悦的程度；社会价值指当消费者得到某种产品时，产品的某种性能或者功能能够让消费者在社会上得到认可的程度。感性价值和社会价值是消费者所得到的附加价值，是消费者感知价值的上流层面。随着感知价值上流层面的大力发展，消费者感知价值的另外两种层面———感性价值和社会价值得到了学者的青睐，他们对感性价值和社会价值的维度进行了具体的研究，发现了测量感性价值和社会价值最适合的维度，同时也研究了它们与满足度、忠诚度及购买意图之间的关系。

在以往的研究中，并没有把消费者的感知看作是多个概念和维度，而是看作是一个单一的维度或者概念进行研究，一般情况下分为3类，即经济价值、感性价值和社会价值。每一个因素里又包含几个不同的维度，即感知价值包括经济价值、感性价值和社会价值，而这3类因素下面又包含12个维度。根据消费者感知模型体系理论，消费者的感知价值都会对其他的变量和因素产生积极的影响，当然也不排除消极影响。还有很多学者对感知价值进行了大量的研究，所包含的变量有所不同，但不管是什么因素，都大体反映了消费者感知价值的概念和定义。一般来说，无论是电商时代的网上购物还是传统的线下购物，都能够证明感知价值与满意度、忠诚度、产品的再购买意图以及口传推荐行为之间有着显著的影响关系。电商时代的产品感知价值不如传统时代线下商品的感知价值强烈，这是因为电商时代在购买产品时无法触摸到产品，也就无法判断产品的好坏，这就阻碍了消费者对产品的价值感知行为。

还有很多学者只对感知价值中的社会价值进行了详细的研究，在不一样的购物环境中，消费者所感知到的社会价值是不同的。特别是电商时代（如网络营销、电子商务店铺等）环境中，对消费者的社会环境要求更高，而且消费者越来越看重自己的社会认可度，每个人都希望自己在社会上得到某种程度的认可。社会价值对消费者的满意度、忠诚度以及产品的再使用意图、店铺的再访问意图都有着显著的影响关系，但在有形商品的店铺中，消费者所感知的社会价值只对满意度和忠诚度产生影响，而对于其他的因素在5%的显著性水平下并不显著。Zeithaml的研究发现，电商时代消费者所感知的社会价值要比传统线下时代所感知的价值要强。也就是说，电商时代的消费者更注重自己在社会上的认可程度。

本书结合了Jillian C Sweeney的研究中所提出的感知价值因素，即感性价值、心理价值、品牌价值、产品的性价比价值因素，把这四个因素综合为感性价值和经济价值。本书中所提到的感性价值指的是消费者在购买产品的过程中，由于内在因素和外在因素的作用给消费者带来的愉悦的心情。这里的内在因素指的是产品的质量、属性和特征。外在因素指的是员工的服务态度、店铺的环境形象、设施的摆设、产品的摆设等。本书中所提到的经济价值指的是消费者购买产品所付出的代价与从产品中所获得的效益和利益之间的性价比值，即消费者所付出的代价越少，产品的质量等因素越高，消费者的性价比就会越高，感知的经济价值也就会越高；相反，花费了更高的代价反而得到质量一般的产品，消费者的感性价值就会降低，从而影响消费者的满意度。

在Kotler等（1969）的研究中提出了"感知价值"这个概念，并且得到了其他学者的认同，一时间掀起了一股感知价值的研究热潮。很多学者已经证实了消费者所产生的感知价值并不是源于企业对产品的研发和制造，而是源于消费者对产品和企业整体的主观印象。Zeithaml（1988）的研究表明，消费者的感知价值取决于消费者对产品感知得失的感觉程度和主观印象；在 Sheth 等人（1991）的研究中对感知价值进行了进一步的研究，提出了从整体视角来分析和挖掘感知价值，即从感性价值、经济价值、心理价值、社会价值和冲突价值等方面去整合，对于不同的情景，消费者所感知的价值类型也是不相同的。Woodruff（1997）的研究发现，感知价值不仅因为环境的不同而产生不同的感知，还因为产品的不同而产生不同的感知，比如一般消费品和价值比较高的奢侈品，消费者的感知价值是不同的。

白长虹（2001）在研究中也证明了上述的观点，即根据环境的不同和产品类型的不同，消费者所感知的价值是不一样的，这为以后国内关于感知价值的研究奠定了基础。消费者的感知价值一般包括经济价值、感性价值和心理价值，而根据产品类型的不同其经济价值和心理价值存在显著的差异，但是感性价值的差异在5%的显著性水平下不是很显著。这是因为，不管是一般价格便宜的生活用品，还是价值比较高的奢侈品，只要充分满足了消费者的需求内容，消费者自然会觉得愉悦。张国政等（2017）的研究中验证了消费者对农产品的感知价值，在安全价值、感性价值和社会价值的基础上，特别突出了农产品的安全价值，即农产品的安全是消费者考虑的最重要的因素，企业要保证农产品的新鲜，不易腐易烂。

对于消费者的感知价值，一般学者都会从理性和理想的角度对其进行系统化的研究，一般情况下是理性大于感性。所谓理性角度就是消费者从客观的角度去评价自己的得失情况，也就是经济价值；而理想就是比较美好的想法，也就是感性价值。理性是消费者购物过程的基础参考条件，而理想是消费者比较美好的愿望，是高于经济价值的因素。

张宛儿（2018）在对感知价值进行系统的梳理以后，又系统地从经济价值、感性价值、社会价值和心理价值四个方面对消费者的感知价值进行了分类研究。

1. 感知经济价值

消费者的感知经济价值主要是从产品的功能、性能等方面进行描述的，即产品的质量和消费者所付出的代价之间的比重程度，它包括产品的功能、产品质量的信任性、产品的持久性等因素和消费者付出的代价之间的关系。陈再福（2013）的研究得出，感知经济价值对消费者的购买意愿有着显著的积极影响。

2. 感知感性价值

消费者对产品产生的感性价值是所购买的产品是否能够为自己带来情感上的或者感性上的愉悦。在 Weon – Sang Yoo、Yunjung Lee 和 Jung Kun Park（2010）的研究中也同样发现，感性价值等同于情感价值，是消费者情感上的表现形式，对消费者的满意度、忠诚度等情感因素有着重要的影响作用。

3. 感知社会价值

消费者的感知社会价值指的是消费者由于获得产品而得到的社会的认可程度。根据马斯洛的研究发现，人的需求都是有层次的，特别是经济发达的今天，每个消费者都希望自己能够在社会上得到关注，以满足自己的虚荣心。高鹏（2013）对社会价值与服务质量之间的关系进行了研究，研究发现，社会价值对服务质量有着积极的影响关系。

4. 感知心理价值

消费者的感知心理价值是指产品的质量能够满足消费者的好奇心、新鲜感和需求等。这是消费者心理所渴望的，因为每个人都有好奇心，如果好奇心得不到满足，消费者就会失去对产品的兴趣，从而不会去购买该产品。爱陈富桥、姜爱芹（2013）等的研究中表明，消费者的心理价值受到消费者自身知识的储存量的影响，即知识储存越多的消费者对产品的好奇心越低。

消费者感知价值是消费者对所购买的产品质量的综合评价，即得到的与失去的主观评价。尽管有很多学者认为感知价值不是由一个单一因素构成的，而是由多个因素组成的，但是在目前的研究中还没有找到关于感知价值的多因素内容。部分学者把感知价值分为功利和享受两个层面。功利层面指的是消费者以满足自己的需求为目的，即只想获得功利的价值，属于理性的层面；享受层面则是消费者感情和情感方面的内容，属于非理性的层面。

在 Parasuraman 和 Grewal 的研究中，把消费者的感知价值定义为产品和服务的质量与价格之间的关系。在 Sheth、Newman 和 Gross 的研究中，则把感知价值分为感性价值、理性价值、经济价值、心理价值和社会价值 5 个方面。使用感知价值最为著名的是 Rintamki 等人的研究，他们把感知价值定义为消费者对产品质量与价格之间关系的直观感受，包括心理价值、感性价值和社会价值等因素。虽然学者之间对消费者感知价值的定义是不相同的，但是也有很多相同的地方，不管哪种定义都可以说是消费者的主观感受。

消费者的感知价值理论（Customer Perceived Value）为什么会有这么多学者进行研究呢？其中，最重要的原因就是企业为了在市场竞争中占据主动，提高市场竞争力。为了能够抓住消费者的诉求，满足消费者意愿，企业只能去满足消费者的感知价值，真正地做到站在消费者的立场看待消费者的感知价值。消费者的这种感知不是取决于企业对产品的生产和制造，而是由消费者自己的意愿决定的，企业的产品到底有没有价值是看产品是否能够给消费者带来方便，如果不能给消费者带来方便，那么就算价格再高，在消费者眼里也是没有价值的产品。

对感知价值的定义研究最多的是学者 Zeithmal 和 Kotler 等。在 Zeithmal 的研究中认为，消费者的感知是消费者所感觉到的产品带来的便利性和自己所付出的代价的比重，是消费者的主观评价。在 Kotler 的研究中，则是使用了消费者"让渡价值"这个概念，也就是说消费者所得到的让步价值，即总的成本和总的价值之间的权衡程度，包括感性价值、功能价值和社会价值等因素。在 Kotler 的研究中又指出，当消费者的探索成本有限时，企业所赋予的产品的质量是消费者追求的最大价值。

成海清的研究认为，消费者的感知价值是消费者在产品购买的过程中，与产品质量以及员工态度等内在因素和外在因素之间的互动的过

程，在互动的过程中，消费者对内在因素和外在因素的主观感受。在
Park（1986）和 Keller（2001）的研究中，把品牌的感知价值进行了细
化研究，他们把消费者的感知品牌价值分为体验价值、形象价值和质量
价值等要素。Holbrook 和 Hirschman 着重研究了消费者在消费过程中的
感性价值，即在什么样的环境下购买何种商品时消费者会感知心情愉
悦。这也是消费者感知价值的具体表现。在 Sweeney 和 Snutar 的研究
中，在总结了先行文献的基础上，通过因子分析，总结出了感知价值的
四种要素，即经济价值、感性价值、功能价值和信息价值。Wesbrook
（1983）的研究中提出了产品类别的感知差异模型。Richard A Spreng 等
（1996）利用回归分析，验证了感知价值对满足度在 5% 的显著性水平
下有着积极的影响关系。

消费者的感知价值一直是学者们研究的重要课题，它是消费者的主
观意识判断，企业要想提高自己的市场竞争能力，就必须深入地挖掘或
者善于发现消费者的感知价值。对于消费者感知价值的理论，最终可以
归纳为两点：一种观点是 Zeithaml 研究中所提到的比较理论。这种理论
是通过消费者得到的与失去的之间的比较来进行客观分析的，即消费者
认为，得到的要大于失去的，这样自己所购买的产品才会体现价值。在
Monroe 的研究中认为，消费者的感知价值是利益与代价之间的比值。
Woo‐druff（1997）的研究中，也持有同样的观点。另一种观点则是
Sweeney 和 Soutar 研究中所提到的总体价值理论。Sweeney 和 Soutar 通过
探索性因子分析和验证性分析，归纳了感知价值的四个维度：第一是感
性价值，指的是消费者在购买产品过程中或者在购买产品以后所得到的
愉悦的心情；第二是经济价值，就是消费者所得与所失之间的比较程
度；第三是社会价值，是指消费者因为产品而在社会上被认可的程度；
第四是质量价值，就是消费者的期望产品质量与实际产品质量之间的对
比程度。

在很多的文献研究中，把消费者的感知价值大体分为得利价值与得
失价值。得利指的是经济、社会和感性，而得失指的是金钱和时间。得

失当中的时间，泛指消费者经历的得失，是感知价值的表现形式之一。

优惠券和积分已成为各大企业吸引消费者的主要营销手段，这些营销手段也成为消费者感知价值的重要表现形式，即优惠券和积分提供得越多，消费者的感知价值也就越高。对于消费者感知价值的定义和概念，国内外不同的学者给出了不同的定义。一类是 Zeithaml 研究中提到的比较权衡理论；另一类是 Sweeney 和 Soutar 研究中所提到的多因素观念；还有一类是 Woodruff 提出的综合因素理论。虽然立足点和研究对象不同，但是在某些方面能够达成一定的共识，研究结果观念相似。

很多学者根据不同行业对感知价值进行了一定程度的划分，Zeithaml 以大型零售商超市为研究对象，研究了购买大型超市产品的消费者所感知到的价值问题，主要是从获得和失去两个方面进行了诠释。她认为，获得的价值有内部价值和外部价值，内部价值是消费者从产品本身属性中所得到的利益，而外部价值则是消费者从超市的环境或者员工的态度中所获得的价值。失去方面包括金钱与非金钱两方面，金钱就是消费者所花的费用，而非金钱则是消费者的时间和所投入的经历等。在 Kolter 的研究中，把感知价值分为 4 个层面，即服务价值、心理价值、环境价值和时间价值。

感知价值理论是由于市场经济的快速发展，竞争的日趋激烈而形成的。竞争越激烈，消费者就越占据主动地位，这时企业为了吸引更多的消费者，而深入地挖掘消费者内在的感知价值，并予以满足，这样企业才能在市场上立于不败之地。感知价值理论源于哈佛大学 Porter 教授著名的竞争理论，经过众多学者的不断研究，从而形成了最终的感知价值理论。

关于消费者"感知价值"这个概念，很多学者从不同的角度进行了研究。在目前的研究中，仍没有确切一致的概念，但是其概念定义还是比较类似的，都是消费者的得与失之间的权衡比较，对消费者的购买意图产生一定的影响。消费者的感知价值包含的内容也同样得到了其他学者的肯定，即包括感性价值、经济价值、功能价值和社会价值等要素。

消费者感知价值的出现，让很多企业的经营观念从自我生产为主、消费者为辅逐渐转变为以消费者为主、自我生产制造为辅，同样也突出了消费者决定企业市场竞争力的主要作用。消费者的感知价值是得与失之间的权衡关系，要想抓住消费者，就必须满足消费者的需求，提供给消费者足够的价值来吸引他们。但是这种权衡关系是由消费者自身的主观意识决定的。

随着社会的不断发展，消费者的可支配收入也在不断增加，消费者对产品的知识也在不断增加，这样消费者对于得与失之间的内涵关系就了解得更为透彻。这时消费者的感知得失会影响消费者的购买行为，包括"得"中的服务、品牌等以及"失"中的时间和金钱等。这些因素都会在某种程度上直接地或者间接地影响消费者的心理，使消费者的消费心理产生变化。

市场中的企业已经充分地察觉到，消费者对服装产品的感知价值已经逐渐地从以前的物质需求转型为现在的精神需求，物质需求只是消费者为了衣服穿着而进行的购买行为，而精神需求是消费者不仅为了衣服穿着而去购买，大部分是因为满足自己精神上的美的追求和相关的体验而产生的购买行为。相关体验指的是个人在感性、行动和人格等方面使自己与社会环境融合，实现自己的体验消费，从而达到消费者自己的目的。

针对消费者的感知价值，企业制定了几种能够吸引消费者的价值策略：第一，店铺的内部环境要整洁。店铺形象是消费者在接触产品之前对企业产生好感的重要因素，它也是消费者对企业产生第一印象的因素，店铺环境的好坏直接决定消费者是否访问店铺，以及后面的产品购买行为。第二，产品的摆放位置。产品的摆放位置也是决定消费者感知价值的重要因素，即位置好、消费者可以马上找到的产品，消费者对其印象肯定会好，感知价值会更高。第三，员工的服务。员工服务态度的好坏是决定消费者对企业印象的重要因素，即服务态度好，消费者才会考虑去购买产品。

下面以服装品牌贝纳通和劲霸为例来对消费者的感知价值进行说明。首先，服装品牌贝纳通是在全世界比较有名的服装品牌。贝纳通为了让消费者能够充分感知自己品牌的价值，就塑造了"爱自然、爱人、关怀社会"的品牌形象。给消费者留下贝纳通是一个以保护环境、拒绝战争和维护人类和平为主的品牌形象，这种形象的设定超过了一般企业的广告标语，让消费者感知到贝纳通品牌的价值所在，进而去购买产品。劲霸服装主打男装，在这方面已经具备了差别化和差异化。劲霸的品牌理念是"劲霸天下、彰显个性、勇往直前"等，宣传的是一种大无畏的男儿气概，正是针对男性的豪爽性格而设定的。让男性消费者充分感觉到了品牌的价值。

体育品牌耐克。耐克的广告语为"nothing is impossible"，涵盖了一种勇往直前、敢于拼搏的精神，能够让消费者充分感知到耐克品牌和产品所拥有的价值。很多企业在挖掘和满足消费者感知价值的时候，使用了4p营销的混合战略，即产品（product）、价格（price）、促销（promotion）和流通（place）4种战略。

首先是产品。产品是最直观的，是看得见、摸得着的，产品的质量和颜色是消费者最敏感的属性，特别是颜色，消费者选择产品，首先要看颜色和款式，颜色可以了，款式通过，再去考虑产品的质量。所以，产品的颜色也可以让消费者感知到价值。其次是价格。价格是消费者购买产品时考虑的最重要的因素，消费者的最终购买行为能否实现主要是靠产品的价格来决定的，价格无疑是可以让消费者感知到价值的最直接的因素。再次是促销。产品的促销手段的好坏也是可以让消费者感知到价值的，买二赠一或者赠送优惠券和积分等都是促销的手段。最后是流通。快速、反应性好的流通手段可以让消费者感觉到价值的存在，即合适的时间、合适的地点、合适的交通方式以及合适的人、合适的产品等都可以提高消费者的价值。

在经济全球化的今天，企业所生产的产品的质量严重相似，对于消费者而言，哪家企业的营销策略有优势，让消费者感觉便利，消费者就会购买哪家企业的产品。同时，企业要想在市场竞争中获胜，不仅要有好的产品质量，还需要根据消费者的不同需求解决消费者个性化的问题，即针对不同的消费者采用不同的产品生产策略。其中，颜色和款式是吸引消费者的最重要的因素。颜色不仅能够树立起企业积极的形象，还能结合产品的款式，让消费者在社会上得到认可，即体现社会价值。例如，奔驰车会赋予消费者以高端大气的形象，而奔驰车的颜色也会影响奔驰车的价值体现，黑色的奔驰车要比白色和灰色的奔驰车更能够得到社会的认可。企业产品研发和生产人员需要充分考虑到颜色对消费者价值的影响，即什么颜色可以体现消费者的什么价值，这是满足消费者感知价值的主要手段之一。

消费者的感知价值是联系企业与消费者之间的坚实纽带，在很多学者的研究中，主要的研究对象是消费者，即只体现了消费者的感知价值情况。Drucker 是较早提到消费者"感知价值"概念的学者，早在 1954 年在他的研究中就提到，消费者消费的不仅仅是产品，还有所感知到的价值。

在 1969 年，Kolter 和 Levy 的研究中表明，消费者感知价值的最早的先行影响因素是消费者的满意度。他们认为，消费者的价值是受到满意度的影响的，价值是满意度的体现形式。之后，在 1985 年，在 Porter 的研究中给出了消费者的感知价值最早的定义，即"消费者的得与失之间的权衡状态"。到了 21 世纪初，有更多的学者对感知价值进行了研究，其中国外研究居多，而国内关于感知价值的研究是从 2005 年以后才开始的。

通过对消费者"感知价值"概念的整理，本书认为消费者的感知可以总结为三个方面：第一，消费者的感知价值与产品和消费者的体验有着密切的关系。第二，消费者的感知价值是消费者对企业的产品和企业整体形象的一种主观的评判。第三，消费者的感知价值不是由单一因素构成的，而是由多因素构成的。营销学之父菲利普·科特勒提出，消费者的感知价值是衡量消费者所付出的代价和所得到的利益之间关系的一杆"秤",而这杆秤可以用以下的公式来表示。

$$顾客感知价值=\frac{总顾客利益（产品利益、服务利益、人员利益、形象利益）}{总顾客成本（金钱成本、时间成本、精力成本、心理成本）}$$

消费者的感知价值实际上就是价格与质量之间的比值,即性价比,也就是说,物美价廉的产品一定是消费者感知价值最高的产品。从上面的公式中我们可以得出,除了一般的价格和质量之间的比重之外,还有很多可以挖掘的因素。例如,节省时间和精力。也就是说,只要企业在赚钱的同时,又能让消费者以最低的价格购买产品,这时消费者的价值就会提高。

在 JD Linquis（1974）和 RH Ansen（1978）的研究中,对影响消费者感知价值的因素进行了罗列,有产品质量、设施设备的摆放程度、产品的摆放、促销和服务等 23 项因素。在 Baker G、Rewal 和 Parasuraman 等人的研究中发现,店铺的形象、店铺的位置和店铺内的环境氛围是影响消费者心情的重要因素,氛围越好,消费者在店里逗留的时间也就越久,对消费者的感知价值会产生积极的影响。舒适的氛围环境可以让消费者感到愉悦和幸福,从而提高消费者的再购买意图。在朱华伟、涂荣庭（2006）的研究中指出,产品的价格、商场的位置和店内的氛围是影响消费者社会价值和情感价值的重要因素。

彼得·德鲁克在《管理实践》一书中提到,消费者在购买产品时,不仅仅是因为看重产品而进行购买,实际上更多的因素是购物过程中与购物之后的感知价值的体现,包括店铺形象、氛围、店面位置、员工的服务态度等因素。消费者在充分了解企业产品的信息之后,对所购买产品的价格与自己所期待的价格进行比较,然后对感知的价值进行一定程度的主观评判。

在陶鹏德、王国才、赵艳辉的研究中显示,消费者所感知到的经济价值、情感价值和社会价值与消费者的购买行为有着显著的、积极的影响关系。李欣指出,产品的功能价值和经济价值对消费者的满意度和购买行为都产生了显著的影响。李宗伟等的研究中指出，消费者在购买奢侈品时，主要考虑的是产品的总价格与产品给消费者带来的总的价值。成本越低，价值越高，消费者越会产生购买行为和推荐行为；相反，消费者的购买行为会减少。

总而言之，消费者的感知价值是企业关注的重点，对提升企业的竞争力有着重要的作用。本书在对先行研究的文献进行梳理和综合之后，客观地把消费者的感知价值分为两大类：第一类是经济价值，第二类是感性价值，也就是情感价值，为以后学者的研究提供参考。在 Zeithaml 的研究中，把消费者的感知价值定义为消费者得失之间的权衡状态，随后还以旅游业为调查对象，研究了游客所感知到的价值。

关于旅游业消费者感知价值的研究一共分为两类：一类是在特定环境下，研究感知价值的构成维度；另一类是消费者的感知价值与旅游行为之间的影响关系。程兴火是较早研究旅游业的感知价值的学者，在他的研究中认为，游客对旅游地的感知价值来源于游客对景区的感知利益与感知价值之间关系的主观评判。李文兵的研究中显示，游客的感知价值是游客对风景区感知所得与所失之间关系的衡量。

随着感知价值理论的不断发展，很多学者认为消费者的感知价值不能用单一维度来进行测量，而采用多维度的因素来完成关于感知价值的量表开发，因为多个维度的因素更可能准确地测量感知价值这个比较抽象的概念。在 Petrick 的研究中，开发了包括产品质量、信息、信誉和情感在内的感知价值测量维度。在 Gallarza 的研究中，提出了游客感知价值中的服务价值和心理价值等 8 个因素在内的感知价值量表。在周玮等的研究中，以城市公园为研究对象，开发了包括社会价值和环境价值在内的关于感知价值的 5 个测量维度。

在周妮笛的研究中，把游客的感知价值分为四大类：第一，环境价值。景区环境对于游客而言是非常重要的一个因素，环境优美，游客自然会经常去游玩。第二，游玩价值。游玩价值也是吸引游客游玩的重要因素之一。游客去景区游玩，往往最看重的就是景区是不是值得游玩。

第三，产品价值。景区的产品是一个景区的代表，对于名山而言，壮丽的山川风貌是游客评价景区产品的重要属性。第四，服务价值。服务价值也是消费者考虑的因素之一，即景区越有名，游客的感知价值越高。

还有很多学者把消费者的感知价值分为两个层面，即物质和精神层面。物质层面包括信息和财务，精神层面包括社交和娱乐。也就是说，消费者的感知价值是在购买产品过程中，得到与失去之间的权衡程度。消费者在得与失之间进行充分的考虑，当获得大于失去，这时消费者会购买；相反，消费者则不会去购买。

在先行文献中，消费者的感知价值是由多个维度构成的，而在本书中根据现行文献，把众多感知价值的组成因素总结归纳为两大类：第一大类是消费者感知的经济价值；第二大类是消费者感知到的感性价值，又称为情感价值。

从费用和优惠方面来看，经济价值是指以消费者使用任何商品支付的费用和可能获得的优惠的知觉为基础，综合衡量消费者的效用价值（Zeithaml，1988）。除消费者购买商品时所需支付的价格和费用外，还包括选择商品时需要的努力或时间等，也是感知价值概念，还有对商品的感知质量、社会便利和金钱便利等所有外生属性和内生属性（李美惠，2009）。访问大卖场的消费者认为，PB商品的低廉价格和质量相当不错，因此对性价比有较高的认识（朴振勇，金智妍，2011）。

感性价值是指在购买商品时，对商品产生积极或消极的情绪的概念，在购买及使用产品时的感情或感觉，以及从对产品的感情印象和状态中得出的对产品的有用性（Sweeney & Soutar，2001）。感性价值是指消费者对产品或服务的态度，是用一种静止的感觉来进行整体的评价和判断的。

第六节　购买意图

购买意图是指消费者对预想的、计划好的未来的行动或行为，可以将态度和信念定义为行为或行动的可能性。换句话说，购买意图作为消费者购买行动的决定因素，意味着消费者要执行购买行动的意志（Engeletal，1993）。流通企业品牌的购买意图是，消费者根据个人需要和环境因素等动机，认识到所需要的商品，通过信息探索评价和选择商品的购买行动，识别消费者是否意识到该商品的重要性和必要性，并测量其购买意图或意向（Richardson，et at，1996）。另外，这是消费者想要购买流通企业商标商品的动机，这意味着消费者对流通企业品牌的态度是肯定性的（Ray，1978）。

具体来说，积极的感情会做出积极的评价，消极的感情会做出消极的评价，消费者对选择对象的意图会产生一贯性的影响（Pham，1998）。购买意图是预测消费者的购买行动的重要因素，根据消费者想要采取特定行动的意向或倾向来进行判断和测定（Aakeretal，1992）。影响购买意图的变数，可以说是消费者对行为的态度或主观规范。对行为的态度，以前是对产品使用的判断和评价，是对信念的强化；社会规范是人们想要做的事情是社会允许的，周围人期望的行为是出于同一种主观判断和评价（Fishbein，1987）。如果对产品形成购买态度，就会形成购买意图，这很有可能导致购买行为。在这里的"态度"是指对特定对象保持一贯性，用善意或非善意的方式做出反应的学习倾向（Fishbein & Ajzen，1975）。

"购买意图"这个概念在社会心理学关于营销的相关文献中有广泛说明。根据社会心理学的"社会交换理论"或"相互依赖性理论"，购买意图被理解为"维持关系"的概念。Lutz（1989）表示，如果以对特定产品的评价为基础，做出好的评价，就会形成购买意图，而且凭借自己的这种购买信念，消费者很有可能在未来也会购买满意的产品。

　　消费者的购买意图指的是，消费者在选择产品时所产生的特殊的消费欲望，它在某种程度上决定了消费者的购买决策，为消费者的购买决策提供了一个有效的依据。消费者的购买意图是由很多因素来决定的，有消费者的感知价值，消费者对产品和企业的满意度和忠诚度，还有产品的质量、店铺的形象等要素，这些都对消费者的购买行为有着积极的作用。在 Gogoi（2013）的研究中证明，消费者的购买意图会受到内部因素和外部因素的影响，内部因素就是产品的质量和性能等，外部的因素则包括店铺的位置、员工的态度和产品的包装等。

　　消费者购买意图（Intention）的定义有狭义和广义之分。广泛的定义是消费者对事物的购买行为和感知行为意图；狭义的定义是消费者对某企业的某产品进行购买时，产生的一种购买行为和意图。消费者的购买意图与其他产品功能性的属性是相互作用的。例如，消费者在网上支付费用购买产品时，或者将所要够买的产品加入购物车时，其频率越高，就意味着消费者的购买意图越高。消费者在电商网站上停留的时间与消费者的购买意图有着积极的显著相关，即停留时间越长，消费者对产品就越感兴趣，其购买意图也就会越高。在某种程度上来说，消费者对电商购物车使用的频率越高，其购买意图就会越明显。所以，对产品购买意图产生影响的因素不仅有行为的因素，还有非行为的因素。

　　消费者对产品的购买意图从企业的角度来看，是赚取利润的过程，是对企业生产和研发产品成本的弥补；从消费者的角度来看，是消费者一次代价的付出，在某种程度上意味着损失。比如，消费者购买某种食物解决自己的饥饿问题，这种过程从消费者的角度来看，是消费者花费一定的费用和代价满足自己的需求，从某种程度上看是付出代价的一种形式，意味着损失；从企业的角度来看，消费者付出代价，就意味着企业赚取利润，来弥补自己生产产品所产生的费用。

　　一般情况下，消费者对产品的购买过程，是经过认识产品——搜寻与产品相关的信息——与自己的感知进行比较评价——进行购买——购买后五个阶段。这五个阶段是消费者购买产品的行为过程，是企业产品的自身和消费者的感知之间的对比，对消费者的购买有着显著的影响。在费希本等的研究中提出了行动意向模型（The Behavioral Intentions Model，也称行动恰当理论），在他的研究中认为，消费者的购买行为（behavior）是消费者对某种产品的购买意向的结果，对购买后的态度有着直接显著的影响关系，即购买行为越主动，消费者的购买态度就会越积极。

购买行为、购买意向和购买后行为之间的关系是有先后的，简单来说，消费者首先产生购买意向，然后购买意向催生了购买行为，最后，购买行为对购买后的行动产生了积极的影响关系。当然，也有研究证明，购买意向对购买后行为也产生显著的影响关系，也就是说，购买行为在购买意向和购买后行为之间产生了部分中介的效果。由此我们可以得出，在预测购买行为时，购买意向是一个重要的因素。

在现实的生活中，针对消费者的购买意图进行的预测方法之一就是回归分析法，这是最常见的方法，也是使用频率较高的方法之一。回归分析更多考虑到购买意图变量之间关系的测量误差，让预测误差最小化。在预测某种变量时，误差越小，就意味着预测的结果越准确。还有一种方法是意向调查法，这种方法是用问卷调查的形式对消费者的主观意向进行询问，得出数据，然后进行预测，在这种方法中存在着单一方法变异的问题，所以预测结果不是很准确。

意向调查法的方法很多，有直接询问法、电话询问法、邮件询问法和会议法四种方法。这其中无论哪种方法，都是基于消费者的主观意愿来进行调查的，即所回答的内容和所得到的数据没有客观性，都是主观意图。但是，在发放问卷或者电话询问时，问卷的抽样一般用的是非概率抽样法，而不是固定的概率抽样调查法，这样就在某种程度上缓解了同一方法变异的问题，让预测的结果更加正确。

这种非概率非固定的抽样方法能够充分掌握不同情景下的不同消费者的客观意愿，也就是从购买意向开始到购买行为止之间的关系，这样就减少了误差的范围，使得预测结果更精准。这种调查方法也存在着一定的缺陷，例如，不能大量地搜集样本，也就是说样本量无法保证，因为耗费的费用和时间太多。因此，在时间的调查中，非概率调查法和概率抽样调查法要一起使用，这样才能在某种程度上既能保障样本的数量，又能保证分析的结果。

很多学者的研究都表明，购买意图十分接近购买行为，购买意图是购买行为的一个预测变量，在某些研究中，也用购买意图来代替购买行为进行研究，其结果与购买行为的结果一致。但是，要考虑以下因素。

（1）购买能力。当消费者对某种产品形成了一定的购买意图时，可能因为购买能力的不足，而导致购买行为与购买意图不一致。这种不一致表现为，在询问时表现出了非常强的购买意图，但是当真正购买时，却又因为各种理由而推脱不买或者购买了其他比较便宜的产品。这实际上就是由于消费者的购买能力不足引起的。两种之间的不一致还表现在，询问时表现出很强的购买意愿，但是当真正购买时却犹豫不决，不发生购买行为。

（2）情境因素。在现实生活中，环境、营销手段、购买时间等因素的不同，都有可能导致购买行为和购买意图不一致。比如，由于购物环境太差、员工的服务态度不好等因素而导致其购买行为与购买意图不一致。也有可能是营销活动的不同，而导致行为与意向不一致。

（3）测量方面的原因。购买意图与购买行为的不一致有可能是测量指标和方法的不同而导致的。比如，购买意图是消费者想要购买却还没有发生的行为因素，测量购买意图时，一般是使用即将或者将要等未来预测的测量指标，而购买行为是现在进行的行为，不是过去，不是未来，而是现在，所以购买意向和购买行为是不一致的。另外，消费者的购买意图和购买行为之间存在着一定的时间隔阂，即如果消费者在考虑是否要购买产品时，市场上出现了价格更为便宜的产品，那么就会导致购买行为与购买意图不一致。

（4）个人因素。消费者的个人因素也是导致行为和意图不一致的主要原因，即每个人的处境不同，心理和性格也是不同的，由此就会导致消费者的行为发生变化，使意向和行为之间存在着不一致。因为心思细腻和性格内向的消费者在考虑产品的所有因素时，会寻找和选择对自己比较有利及价格比较便宜的产品，而性格比较外向的消费者则不会太在意某些细节的问题，所以会导致购买意向和购买行为的不一致。

（5）假象意图。在问卷调查中，当被问到某些隐私的问题时，消费者会选择包装的或者夸张的回答，刻意地隐瞒或掩盖某事实的真相，这就造成了假象，从而导致购买行为和购买意图的不一致。比如，在涉及环保的问题时，绝大多数的消费者会因为道德的因素而偏向去回答肯定的方面，但是，实际上消费者并不这么认为，这就造成了行为和意向的不一致。因为涉及环保的产品价格是非常昂贵的，所以消费者刻意掩盖不去购买的事实，进而做出假象的行为。在调查过程中，要特别注意假象的事实。

购买意图指的是消费者对某种产品所产生的购买行为的倾向。虽然消费者会产生购买的意向，但一般不会经常地付诸行动（Dennis W，Rook，Stephen J，1985）。所以，在某种程度上，购买意向并不会促进购买行为的产生。在黎婷（2008）的研究中发现，消费者对产品的态度会积极地影响消费者对产品的购买意图；而态度是作为购买意图的一种先行影响因素进行研究的。在 Ha 和 Janda（2008）的研究中，利用实证分析方法分析了电商消费者的购买意图的影响因素。

态度是影响购买决策的重要因素，尤其是购买行为。事实上，电商网络平台上的消费者的态度和购买意向是显著地影响消费者的购买行为的。在 TAM 的模型中认为，购买行为是由购买意向决定的，而购买意向是由消费者的态度决定的，而消费者的态度又是由消费者对某种产品的需求决定的。

在桑辉和许辉（2005）的研究中提出了电商消费者的网络购物意向模型，该模型中所提到的网络购物有用性主要体现在两个层面上：第一是购物动机，第二是网络购买态度。以科技接受模型的行为理论为核心，在黎志成和刘枚莲（2006）的研究中提出了电商消费者的购物态度模型。在他的研究中认为，消费者在网上购买产品时，有用性和使用性对消费者的购买行为能够产生积极显著的影响关系。对此，很多研究都以科技接受模型为基础，对消费者的购买行为进行研究。消费者对产品的信任程度和感知风险程度都会对消费者的购买意向产生显著的影响，信任能够产生积极的影响，而感知的风险会对消费者的购买行为产生消极的影响。因此，企业要想提高消费者对产品的购买行为，必须首先让消费者对自己产生信任，这样才能够提高企业产品的销售额和市场占有率。

在 Lee 和 Turban（2001）的研究中提出了影响消费者产品购买行为的因素有三个：第一个是消费者对企业的信任程度，第二个是消费者对产品的信任程度，第三个是消费者对产品的感知风险程度。一般而言，消费者对企业的信任和对产品的信任可以进一步降低消费者的感知风险的程度，从而促进消费者对产品的购买。

消费者在购买产品之前，会收集备选产品的信息，进而对这些产品的信息进行研究，然后做出最终的评判。消费者的购买意图是指消费者对企业某种产品的购买意向和购买动机，它有广义和狭义之分。广义购买意图是消费者对全部产品所产生的购买欲望；而狭义的购买意图是指消费者对某个企业的某种产品所产生的购买欲望。换言之，消费者的购买意图是指消费者对某种产品的购买可能性的大小，它代表了消费者对某种产品的需求和喜爱。

消费者的购买意图是消费者自我的主观意识行为，是消费者产生需求、提供价值和产生购买意向，最后产生购买行为的一种主观感知的程度。它对消费者的满意度、忠诚度、再购买意图和口传意图有着显著的影响关系。它是消费者满足自己需求的行为，同时也是企业最希望和最盼望的消费者所产生的行为。

因此，消费者的购买意图可以分为两个层面，即行为层面和态度层面。行为层面是消费者比较典型的行为标准，它是消费者所有感知意向和行动的关联程度，是给企业直接带来利益的行动；态度层面是指消费者意念中所产生的行为，并不是真实的行动，而是假象的行动，它有的时候能够转化为购买行为，有的时候则终止在消费者的意念中。在 Assael 的研究中，把消费者的忠诚度定义为消费者购买行为的延伸，是行为层次的最高层面。Keller 的研究认为，再使用和再购买是消费者由态度层面向行为层面转换的过程。

因此，在分析购买意图与购买行为之间的关系时，首先要对消费者心理进行系统的分析，这是系统分析的前提条件，只有先分析消费者心理，才能对消费者的购买意图和购买行为进行系统分析。当消费者对某种产品发生购买行为之后，会对该产品进行一定的评价，然后把积极的评价表现为再购买和再利用；消极评价时，则会终止对产品的关注和关心，进而会影响到下一次的购买行为。消费者的这一循环过程如图3-5所示。

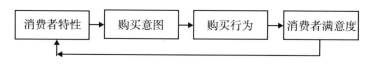

图3-5　消费者的购买行为

消费者的购买意愿主要是由消费者的内在动机和外在动机相互作用而产生的行为概念。内在动机是指消费者根据以往的产品信息和消费者自己所储存的关于产品的知识而进行的某种程度上的判断；外在动机则指的是消费者对所购买的产品的性能和属性与企业店铺的外在和内在形象的感知程度。购买意图使消费者清楚地认知到自己所需要的产品是什么以及自己所喜爱的产品是什么，在消费者购买时，可以加快其购买决策的速度，帮助消费者更好地进行产品的选择。在 De Cannière 的研究中，通过因子分析和结构方程模型对消费者的购买意图和购买行为之间的关系进行了验证，研究结果显示，两者之间存在着积极的影响关系。

在消费者绿色购买意图的研究中，把消费者的绿色购买意图分为两个方面：第一个方面是根据人口统计变量，利用方差分析和 t-test 对产品的绿色购买行为之间的差异进行了分析，即性别、学历、收入等因素之间的绿色购买的差异。研究结果显示，女性、高学历者和年轻人更喜欢进行绿色购买。第二个方面则是对环境、责任感、创新性与消费者的绿色购买行为之间的关系进行的回归分析，分析结果都是有着显著的影响关系。Ajzen 的研究认为，消费者的购买意图是消费者未发生的一种心理状态，是消费者潜在的信念，其信念越强，其购买的可能性就越大。

第七节　关于度、知识水平、价格敏感性

一、关于度

关于度是在社会心理学中首次开发的，通过说服性交流的态度变化而产生的决定性变数，由瑟里夫和霍弗兰等研究社会判断理论而产生。他们使用了"关于自我的态度"这个词语，这意味着对个人自我概念的重要态度。在营销领域，很久以前就开始对"关于度"这个概念进行研究，最早引入关于度产品概念的学者是克鲁格曼。他通过产品的信息来表达认识的事故，操作性地定义了消费者在自己的生活和刺激之间形成的经验或认知度的联合数量。他根据这个联合数量将关于度分为高关于度与低关于度。此后，人们一直认为，关于度是消费者行为或广告效果的一种非常重要的概念，但学者对关于度的定义或区分方法是多种多样的。

大致上，关于度的概念在特定的情况下被定义为"对特定对象的个人关联性知觉程度"或"重要性知觉程度"（李学植，安光浩，夏永元，1997），但是研究者们使用的"关于度"根据对象、内容、功能、感情性、强度等的不同，有不同的概念和定义。例如，对产品的关于度或对广告的关于度等，根据对象的不同其内涵存在着明显的差异。认知立场的研究者往往把关于度群体分为高关于度群体和低关于度群体。许多研

究人员认为，关于度是由某些思想的个人关联性决定的，具有一种动机属性，即关于度是个人对对象或事件的重要性感知的程度，可以激活消费者的认知过程和行动过程，去除方向性的一种动机状态（Pettyand Caccioppo，1981）。这种动机的状态取决于消费者如何解释诸如广告、产品、情况之类的关于度刺激，以及如何接受它。如此看来，不可能将某一种产品果断地称为"高关于度产品"或"低关于度产品"。即使是同样的产品，根据消费者购买产品目的的不同，关于度自然就不同。

扎伊科夫斯基（Zaich Kowsky，1986）将关于度分为人际特性、物理特性和情况特性三种类型。人际特性是指对同一商品不同人有不同的认识，具有不同的关于度水平，包括欲望、重要度、兴趣、价值体系和个人倾向等。所谓物理特性，与产品群内的产品差异有关，包括媒介形式的差别性和刺激的特性，交流信息来源，等等。情况特性是指购买用途、购买决定、事前购买经验中出现的各种情况意向影响关于程度（Zaich Kowsky，1986）。本书基于扎伊科夫斯基理论，该理论着眼于个人，并使关于度概念得到发展，从而把其分为高关于度和低关于度进行研究。

二、知识水平

由于消费者对每一种商品的相关知识水平不同，所以对产品质量评价的能力也就不同。例如，基金的收益上升了10%，为了评价基金的收益，需要对危险水平、基金的成果、股市等整体的情况做进一步的理解。

例如，与产品相关的高知识水平的客户相比，低知识水平的消费者对于卖场的快捷性，服务员的响应性、亲切性等服务质量属性的满足和信赖度都显得非常重要。理由是因为没有能力评价实际产品的成果，所以更注重他们能理解的质量线索。相反，对于高知识水平的消费者来说，卖场上的服务质量只是服务质量指标之一，他们有能力对实际产品成果进行评价，因此对满足度和信任产生影响的服务质量的重要性有较低知识水平的消费者相对少（Chiou，et al，2002）。

　　根据先行研究，低知识水平的消费者基本上是依靠周边环境等的提示，比起对专家性格或特性进行深入的分析，周边环境等的提示具有更多的意义（Betman & Sujan，1987；Kades & Lim，1994）。这是因为消费者在接受服务员提供的服务时，他们缺乏对其工作服务进行正确评价的能力。为了填补这些不足之处，知识水平低的消费者会根据周边环境等的提示评估整个服务水平。

　　如果消费者能了解服务成果，同时与产品有关的知识水平相当高的时候，消费者的信赖与忠诚度之间的关系会明显增强（Chiou et al，2002）。知识决定对服务执行过程的质量和理解及统合的理解水平（Huffman & Houston，1993；Lee & Olshavsky，1994）。一个知识水平高的消费者对服务员是否完成服务有充分的评价，对服务很满意，此时消费者对服务人员的信赖和满足度只能提高，消费者的忠诚也同样会提高。

　　先行研究（Bettman & Park，1980；Brucks，1985；Park & Lessig，1981）综合起来表明，消费者了解自己知道的和实际掌握的信息有很大差异。另外，客观知识和主观知识在处理信息或情报时所带来的影响是不一样的。主观知识和客观知识分别对探索和处理过程有着不同的影响，在 Bruscks（1985）研究中表明，主观知识和客观知识有着概念性的区别，主观知识对信息探索活动产生了更大的影响。

　　根据消费者的知识水平分类，可以分为专家和初学者，与初学者相比，知识丰富的专家在沟通过程中表现出更多的反应（Sujan，1985）。知识丰富的消费者从产品的特性中认识到购买产品的目标，结果很容易理解特性与目标之间的相关性，认识到其效益。因此，知识丰富，产品的购买目标和产品特性之间的连接纽带更强，对该产品和服务的购买偏好度会增加。相反，知识不足的消费者只拥有少数的产品属性信息，因此对新产品和服务的理解会不如知识多的消费者，即知识丰富的消费者与知识不足的消费者相比，知识丰富的消费者更了解产品和服务的创新点。Alba 和 Hutchinson（1987）把消费者的知识水平分为熟悉性和专业性，专业性的下层结构包括客观知识和主观知识。使用经验越多，消费者的知识水平就越高。本书基于先行文献研究，把消费者分为知识水平高的群体和知识水平低的群体进行研究。

在 Rao 和 Monroe（1989）的研究中显示，消费者如果对某种产品非常熟悉，其购买决策速度就会加快，否则，其就会犹豫不决。所以，企业要想提高消费者的产品知识，就必须首先要对自己的产品进行大力的宣传，让消费者对自己的产品更了解，从而让他们更容易产生购买决策。

消费者的产品知识是消费者储存在记忆中的与产品属性相关联的记忆和信息，是消费者对产品质量的感知程度，分为主观感知知识和客观感知知识。主观感知知识是消费者自我感觉到的产品知识水平程度，而客观感知知识是消费者利用外界环境的信息对产品进行评价的程度。由于消费者的客观感知知识的测量程度与产品自身所拥有的属性有关，比如，产品的大小、颜色等，因此便于消费者直接对产品进行评价与判断。书中所涉及的消费者的产品知识，是以消费者的主观感知知识和客观感知知识相结合为基础，对感知知识进行测量，在这个信息不对称的时代，产品知识水平低的消费者由于对产品知识的了解程度比较低，还需要借助其他人的建议来进行评价，所以只以客观知识为标准会显得片面。

消费者的知识水平是消费者在购买产品的过程中所依靠的与产品有关的经验和体验（Mitchell & Da‒cin，1996）。消费者的知识水平对消费者信息的搜寻方式有着显著的影响，即知识水平越高，消费者的信息搜寻意识和搜寻行为越弱，最终会对产品的购买产生影响（Cordell，1997）。根据消费者所拥有知识的多少，把消费者分为两大类：一般消费者和专家消费者。专家消费者所拥有的知识比较多，能更容易地产生购买决策，而一般消费者所拥有的产品知识比较少，在购买决策时会比较犹豫（Alba & Hutchinson，1987）。专家消费者主要依靠自己的内部信息去进行购买决策，一般消费者则依靠外部信息进行决策（Alba & Hutchinson，2000）。另外，一般的产品消费者会依赖内部信息，而奢侈品消费者则会主动搜集外部信息。

根据消费者对产品的了解以及其脑海中对产品信息的储存，可以将消费者对产品的知识分为主观知识层面和客观知识层面。主观知识层面是消费者利用自己脑海中存储的对产品的知识量，对所购买的产品质量和样式进行主观方面的判断。消费者的客观知识水平指的是其通过企业广告、宣传和促销等活动对产品进一步地了解，对企业的产品进行客观评价的过程。例如，消费者对产品属性的判断是消费者根据产品的广告宣传而进行的评判活动，对于新上市或者消费者不熟悉的产品而言，具有非常重要的作用。

消费者对产品的知识量程度是影响消费者对产品评价的重要因素之一（Alba & Hutchinson，1987；汪涛等，2010；沈超红等，2016）。当消费者的产品知识量很大时，消费者在评价产品质量时会对产品的要求很严格，从而也就对产品的评价产生影响关系；而当消费者对产品的知识量很少时，消费者对产品的质量的要求就不会很高，这时也会对产品质量的评价产生影响关系。因此，本书根据消费者对产品知识量的多少，把消费者分为两大类，即一般消费者和专家消费者。一般消费者的产品知识和信息不是很多，对产品的质量不是很了解，而且要求也不是很高；而专家消费者对产品的质量和样式等属性有着很高的要求。

消费者对产品知识的理解，是基于消费者对某种品牌产品的知识和信息的获得程度，是对消费者的购买决策活动产生直接影响的因素，即产品知识的多少能左右消费者的购买决策。当消费者对产品的信息非常了解时，就会比较容易地决定是否购买企业的产品；而当消费者对产品的知识过少时，其在购买产品之前，就要先对产品进行了解或者去请教这方面的专家，以便更好地对产品做出购买决策。对产品拥有过多知识的消费者在做出购买决策时，就会更多地依赖自己的主观意识；而产品知识不够多的消费者，则是比较客观地去了解，然后进行购买决策。

也就是说，当消费者所拥有的产品知识越丰富时，就越会依赖自己，相信自己的决定，不会再去仔细地搜集与产品相关的知识，这时消费者自己的决定是比较主观的；相反，消费者的决定则是比较客观的。此外，在一般情况下，消费者所拥有的产品知识和对产品的搜集意识有着倒 U 形的相关关系（Bettman & Park，1980），即产品知识越少的消费者对产品信息的搜寻程度越高，产品知识比较多的消费者对产品知识的搜寻程度反而会大大减少，有时在做购买决策时不对产品进行知识的收集和询问，只依靠自己的主观意识做决定。还有学者的研究发现，高风险的产品，无论是产品知识多的消费者还是产品知识少的消费者，都会积极地搜集产品的信息，即两者之间是线性关系。

客观层面的知识水平会影响消费者对信息的加工程度，主观层面的知识水平则会决定消费者的购买决策过程。对于产品信息的加工程度而言，客观知识比较适用于主观意识较弱的、对产品知识不是很了解的消费者；主观知识则适用于主观意识强的消费者或者是对产品比较了解的消费者。与知识水平比较高的消费者相比，知识水平比较低的消费者更多地依赖于产品的客观信息。因此，消费者的自我认知及知识水平是决定对产品信息依赖程度的重要因素。

还有很多学者的研究表明，消费者产品知识的高低是决定消费者产品价格敏感度的重要因素，即产品知识比较多的消费者，其产品的价格敏感度较低，因为这类消费者比较重视产品的质量；而产品知识比较少的消费者，其产品的价格敏感性会较高，因为此类消费者比较重视产品的价格，而不重视产品的质量。所以，知识水平较高的消费者会更加依赖自己的主观判断，知识水平较低的消费者则会积极地听取别人的意见，积极地搜寻产品的信息，对产品的购买持比较客观的态度。如果消费者的知识水平比较高，消费者会对产品进行等级分类；而如果产品知识较少，则不会对产品进行仔细的分类。

如果消费者所拥有的产品信息中的属性信息是可以使用的，且此类属性信息是可以被有条件地保证的，消费者就会拥有很多此类产品的知识，进而对产品属性的评价有着显著的影响作用。然而，在现实生活中，消费者是不会获得那么丰富的产品知识，对产品的信息不够了解，对获得产品知识的途径不够清楚。在这样的特定条件下，当消费者遇见自己不了解的产品时，无法使用自己脑海中所储存的产品信息对产品进行评价，还得依靠外界信息做出购买决策，如店铺环境和店面位置等因素。

消费者脑海中关于产品的客观层面知识，是相对于直观层面知识而言的。客观层面知识是消费者根据外界条件搜集和吸取的，比如，产品的包装和外观，店铺的氛围和产品的摆设，内部的软件和硬件设施，专家的意见和建议，等等。如果这些外界因素让消费者觉得满意，就会对产品的购买决策产生积极的影响。消费者的主观知识是，在消费者脑海中关于产品的知识以及对某种产品的购买的经验和体验，都是可以直接决定消费者对产品的购买行为的，这些知识及消费者自己的主观意识对购买行为产生影响关系。拥有高知识水平的消费者会更快地、更有自信地对产品进行评价，进而购买自己所喜欢的产品。

对于消费者知识水平的定义和概念，国内外很多学者都提出了不同的意见和建议，Smith 和 Beatty（2002）的研究认为，消费者的产品知识是消费者对某种产品的了解、体验和感知的程度，是消费者主观意识的体现。在 Dacin 和 Mitchel（2006）的研究中则认为，消费者所拥有产品的知识与消费者的直接购物体验有关，即购物体验越丰富，其所产生的知识的沉淀和积累就越多。Imalhotra（2004）的研究表明，消费者的产品知识包括质量知识、属性知识与价格知识，这三类知识是消费者对产品的属性进行全面判断的基础条件，是消费者决策的基础。

在黄莹（2008）的研究中提出，在消费者的感知风险对购买意图产生影响的研究中，消费者的产品知识作为调节变量对感知风险与购买意图产生了显著的影响，即一般消费者的感知风险越高，其对产品的购买意图就越低。当消费者拥有该产品的很多知识时，就会对产品的质量和感知风险进行一定程度的分析和确定，如果产品的属性达到了消费者的要求，消费者就算有感知风险，也会对产品产生购买行为；而产品知识少的消费者不会对产品进行综合的考虑。

很多学者从经济合作发展组织（OECD）的角度对产品知识进行分类：第一个是 know – what 知识，即现实的情况和消费者产生的现象之间的知识；第二个是 know – why 知识，即关于科学研究的定律知识；第三个是 know – how 知识，即关于产品技术和技能之间的知识；第四个是 know – who 知识，即有关人才方面的知识体系。在吕巍、吴韵华等人的研究中，以企业的战略为核心，将知识分为核心知识、先进知识和创新知识。核心知识是产品最有用的功能属性，先进知识是某产品区别于其他产品的知识，创新知识是企业以后要研发的产品的属性。在 Collins 的研究中，将产品知识分为标号知识（symbol – typeknowledge）、个体知识（embodied knowledge）、心理知识（em – brained knowledge）等层面。Liebowitz 和 Beckman 把产品知识分为系统化知识、半系统化知识和非系统化知识；学者们对产品的知识进行分类，使用最多的分类是核心、先进和创新的知识层面。

还有的学者从企业绩效方面对产品知识进行分类和定义，但是这样的研究没有系统化，研究内容不完整，所以，在今后的研究中要系统化地从企业绩效的角度去研究知识水平。企业整体的知识体系和水平得到提高了，企业的绩效才能得到提高。Ahn J H 等人研究了知识和流程之间的关系，结果认为，有较高知识水平的企业其流程会得到提高。之后又提出了 KP3（knowledge，product，process，perfor – mance）的研究方法。

产品知识指的是与产品相关联的知识和经验。在先行研究中，很多学者对产品知识进行了一定程度上的分类。比如，在 Timothy W Powell 的研究中，把产品的知识分成普通的科学知识、技能和技术专利知识、品牌知识三大类。在 Brucks 的研究中，把产品知识分成经验和体验、主观知识和客观知识三大类。在苏少萍等人的研究中，把产品知识分为质量知识、属性知识和行为知识三类。根据生命周期可以将产品知识分成设计和研发知识、生产和制造知识、企业内部流通知识和外部物流知识四大类。

在 Roderick Owen 和 Imre Horváth 的研究中，把产生知识分成质量知识、技能知识和专利知识等。每一种产品知识的分类都是每个学者根据自己所处的年代背景和研究对象进行的，从每一种分类中，我们都能看到学者所处的年代和研究对象的特征。所以，不能简单地说哪位学者所提出的产品知识的分类是正确的、标准的和准确的。还有学者对于显性知识和隐形知识进行了研究和分类，但是还存在很多的不足之处。

关于产品的显性知识是存在于产品的文件和材料中的，比如使用说明书等，它是产品知识的外在表现形式。产品的隐性知识是埋藏于产品属性内部的，是消费者看不见也摸不着的产品属性，它包括产品研发者的研发经验、产品设计者的设计理念和设计技术等特征。具体关于产品的显性知识和隐性知识的分类、概念和定义如表3-4所示。

表3-4　产品知识的类型及具体表现形式

产品知识类型		具体表现形式	
		显性知识	隐性知识
产品范例知识		产品的概念、定义，产品和产品族的描述，功能和结构的描述，操作和行为描述，专利和商标	产品开发的经验，使用产品的经验，改进产品的观念，关于顾客特定功能期望的知识，关于产品实例的薄弱点的知识
产品实现知识	产品开发知识	产品的种类和实例知识，设计和产品说明书，关于产品技术、产品生命周期和成本的知识	产品理念：开发同类产品的经验
	产品描述知识	在图纸中对零部件的定义：CAD/CAE系统的使用知识，重用存在的和正在使用的标准零部件的知识，物理概念模型的使用知识	匹配样板实例的知识：CAD/CAE系统的功能，计算机模型的简化应用知识
	产品评价知识	安全因素的应用，可靠性的考虑，计算机分析评价方法的应用知识，使用经验测试程序的知识	知晓产品使用者的偏好的经验，知晓计算机分析的可靠性的经验
	产品制造知识	产品实现计划，产品制造流程计划，产品的可制造性和可装配性知识，材料处理能力的知识	制造经验，技术知识背景，知晓专家和制造商，知晓可用的装配方法
产品应用知识	产品运作知识	定义一个产品的实际功能，定义一个产品无用的操作，定义一个产品标准的操做，定义产品故障的偶然性等的知识	知晓产品过去的性能，知晓产品的环境灵敏度，知晓操作误差，知晓以前的故障实例，操作变化的经验
	产品使用知识	知晓定期使用的产品，知晓不定期使用的产品，知晓偶然使用的产品	产品使用者环境预测的经验，考察使用者的意见，知晓可能的危险
	产品支持知识	定义交货技术，安装和控制说明书，日常维护计划，检修说明书	知晓产品生命周期、行为特征的经验，知晓使用者的技术能力的经验
产品维护知识		材料循环技术，便于拆卸的设计技术，动力技术的对比研究，产品的寿命中止战略	产品拆卸经验，熟悉环境友好产品技术的经验，知晓环境影响的经验
产品嵌入知识		商标特征和适应外观，诱发感觉的产品特征，嵌入软件的功能性，敏捷产品的人工智能特征	产品设计者的思想，操作方面的整合经验，知识工程的相关技能

产品知识分为产品的范例知识、产品的实现知识、产品的应用知识、产品的维护知识和产品的嵌入知识五大类。这五大类根据显性和隐性的概念的不同，其定义也不相同。

在产品的购买过程中，当消费者遇见的产品感知风险比较高时，一般消费者和专家消费者所做出的决定是不同的。对于一般消费者而言，产品的知识比较少，为了避免损失，他们会主动搜集产品信息并主动地请教产品知识和经验比较多的专家，然后做出产品的评价和购买决策。对于专家消费者而言，消费者自己就是专家，本身就拥有很高的产品知识，在购买产品的过程中，不会积极地搜集产品的信息，而只是依赖自己的产品知识和经验做出产品的购买决策。但是，当面对感知风险程度比较高的产品时，不管是专家消费者还是一般消费者都会积极进行产品信息的搜集或者去询问比自己知识和经验更丰富的专家，然后对产品进行评价。所以，产品的感知风险对消费者的产品知识是有着显著影响的。

此外，在很多的研究中，都证明了消费者的产品知识水平与消费者的产品信息的搜寻程度有着倒 U 形的影响关系（Bettman & Park，1980），即当消费者对产品完全不关心或者消费者的产品知识很丰富时，不会积极主动地搜寻产品的信息，而当消费者的产品知识水平处于中等时，才会大量地搜集和整理产品的信息。当然，这是一般产品的情况，当消费者面临感知风险比较高的产品时，不管是哪类消费者都会积极地搜集产品的信息。

消费者的购买行为和产品的偏好主要依赖于产品的使用满意度，产品的使用满意度越高，消费者对产品的偏好度也就越高，进而会对产品的购买行为产生积极显著的影响。在以前的研究中，消费者的知识程度可以很好地衡量产品的质量和属性，从而更准确地做出购买决策。所以，消费者要想提高自己的购买决策能力，就必须要积极地搜寻产品的信息，主动学习，来提高自己产品知识的储备量。

消费者在决策方面对产品知识的使用，不同的学者有着不同的意见和建议。一般来说，如果消费者的产品知识储备量少，消费者一般利用产品的品牌形象和店铺的形象等外界因素对产品的质量进行推断，产品知识较多的消费者则会使用自己所储备的知识和经验进行判断。在 Mah－eswaran（1994）的研究中，对消费者购买汽车时的情景进行了分析，研究认为，专家型消费者能够迅速地、更容易地对所购买的产品进行评价；一般消费者则是依靠形象和声誉来进行判断。还有一种相反的观点就是，越是知识水平高的消费者，越依靠产地信息来进行判断。

　　此外，在 B2B 的营销环境中，一般消费者比起专家消费者更具有客观性和理性，因为他们可以搜集不同的产品信息，还能够听取不同专家的意见和建议，能够对产品的质量和属性做出比较客观的评价。专家消费者的主观意识比较强，对自己的购买决策非常有信心，通常这样的消费者其评价会带有一定的主观性。还有的理论认为，消费者的知识水平是由一个单一维度构成的，而在现实生活中，知识水平是多维度的，因此单一维度是比较片面的。

　　在本书中，不仅对消费者的产品知识的概念、定义和分类进行了综述，而且对产品知识的测量维度进行了一定程度上的研究，并且还验证了产品知识的调节效果。消费者在购买产品之前，首先要明确自己所掌握的是产品知识还是购买产品的经验。产品的经验是由消费者在购买产品的过程中逐渐积累起来的，相反，产品知识是消费者由于学习而形成的，学习的知识既是产品的理论内容，又是从经验中得到的（Levinthal & March，1993）。

　　产品知识是消费者对产品属性所感知的内容，它代表了在消费者的脑海中存储的关于产品相关属性的概念（Alba & Hutchin－son，1987）。消费者所拥有的产品知识一般情况下是一个系统的架构形式，它包括了消费者对产品的质量认知、品牌认知、属性认知和信息类型认知等层面的内容，是消费者对产品的综合考虑与评价。从某种程度上来说，购买产品的经验对消费者的产品购买行为有着直接的影响关系，是消费者购买产品的前提依据。

从 20 世纪 80 年代开始，研究消费者产品知识的学者逐渐增多，消费者的产品知识逐渐成为市场营销领域的重要组成部分。很多学者的研究认为，消费者的产品知识包括两个方面：第一个方面是消费者的主观知识层面，第二个方面是消费者的客观知识层面。主观知识层面是指消费者自身所拥有的产品知识和经验，是消费者学习和购物的经验积累程度；客观知识层面则是消费者依靠外界信息和环境而得到的与产品有关的知识和经验，是消费者间接体验的一种形式。主观知识越丰富的消费者其自信程度越高，也就是说，消费者的知识水平是消费者自信程度的一种体验形式，它能够反映消费者知识储备量的多少。

于伟等人对近年来中外学者关于消费者品牌知识构成、测量、形成机制及后续反应影响等方面的研究成果进行了综合论述，并且他们认为，研究者对消费者品牌知识的研究一般包括两个方面：第一个方面是对产品知识的探索，第二个方面是对形象的研究（品牌形象和店铺形象）。特别是品牌形象联想的力量不容小觑，可以说，消费者所感知到的品牌知识就是各种品牌联想的综合结果。王晓晖等人认为，"消费者知识是指存在于消费者记忆中的关于产品和品牌信息的内容与结构。作为一个复杂和多样化的因素而言，消费者关于产品方面的知识一般都是比较抽象的内容，包括品牌、原产地和产品的多方面语言知识"。根据 Col－lins 和 Lofus（1969）的研究，人们的认知决定了人们的记忆，记忆是由知识和经验共同组合而形成的，当消费者的某种记忆被唤醒时，消费者首先接受的信息是知识和经验。

消费者的知识水平是一个非常重要的概念，它决定了消费者对产品信息的搜集活动，对信息的搜集和处理都有着显著的积极的影响关系，并对消费者的最终购买行为产生积极的影响。消费者的产品知识在不同的消费者身上有着不同的作用，根据各人的产品知识程度的不同，其对产品的评价是不一样的。也就是说，消费者的知识程度会对消费者的产品爱好度产生显著的影响，即消费者的知识水平越高，其对该产品越是关心和喜爱。还有很多学者的研究表明，消费者的知识程度决定了购买决策时的每一个流程，最终会影响消费者的购买意愿。消费者知识水平的高低是由消费者对产品的喜爱度决定的，消费者越是喜欢的产品，对其也就越关心，从而会大量搜集关于该产品的信息。然而，也有很多研究证明了产品知识是对消费者的购买决策有着显著影响的。如果消费者的知识水平低，就证明了消费者对该产品不是很感兴趣，没有投入更多的精力研究产品。

在 Mitchell 和 Dacin（1996）的研究中认为，消费者的知识是消费者选择产品和购买产品的重要依据和参考条件，是消费者选择的主要因素。在 Jacoby 等（1986）的研究中，把消费者的知识分为熟悉和专业两个层面。熟悉是指消费者对产品的购买经历有一定程度的积累，专业则是产品知识积累完成后的结果和结构。还有的研究显示，消费者的产品知识水平对产品的购买行为和再使用意图有着最终的影响作用（Moormanetal，2004；Cordell，1997）。

产品知识水平低的消费者由于缺乏产品基础知识，不能对产品的信息进行一定程度的理解（Parketal，1994），所以，一般消费者在购买产品时，购买决策更倾向于外部信息的处理（Alba & Hutchinson，2000）。

Chuang 等人（2009）的研究显示，在产品的广告中，如果经常引用到品牌的名称，低知识水平的消费者会对产品的信息给予更高程度的评价，而高知识水平的消费者产生的影响不显著。在 Park 和 Lessig（1981）的研究中指出，高知识水平的消费者更有可能抓住产品的核心价值，所以，对产品做出购买决策会更容易。

专家消费者在对购买的产品进行决策时，主要依靠自己的主观知识（Alba & Hutchinson，1987），专家消费者的主观知识和意识是知识与经验的长期积累而形成的。在 Raghubir 和 Corfman（1999）的研究中显示，对于一般消费者而言，如果对某种产品产生熟悉性，那么就需要很多的相关知识，这时消费者主要依靠产品的广告宣传和对专家消费者进行的询问。

一般消费者由于缺乏与产品有关的知识，只能通过产品的原产地和外部特征来对产品的属性进行判断，所以，相比较专家消费者而言，一般消费者更倾向于具有特征的产品。相反，知识水平较高的消费者一般情况下会根据自己所拥有的知识对产品进行评价，所以，对于模仿或者是仿造的产品，这类消费者能够很快地辨别出来，从而不会购买。消费者的知识水平是一个抽象的概念，它是各种要素的综合体，虽然对消费的购买行为有着积极的作用，但是其中各个因素起到的作用是不同的，即权重值是不一样的，它就影响着企业营销策略的选定。因此，有必要对各个因素与购买行为之间的关系进行分析，然后按照影响程度的大小赋予每个要素权重值。

在市场营销学中，不同的学者对知识水平的定义和概念是不同的，关于消费者知识水平的概念和定义，主要有以下几种：在Brucks（1985）的研究中认为，消费者所拥有的产品知识是消费者对产品属性的知识。在Beatty 和 Smith（1987）的研究中显示，消费者的知识水平是消费者对于某种产品所了解的程度。在 Alba 和 Hutchinson（1987）的研究中表明，把消费者的知识分为两类：第一类是知识量，是消费者拥有的产品知识的储备量；第二类是熟悉性，是消费者的经验和体验。

在 Blackwell、Miniard 和 Engel（2003）的研究中，把消费者的知识水平定义为消费者对不同产品的信息感知程度，同时也是消费者对信息的消化和理解的程度。综合以上各位学者对消费者产品知识水平的定义、概念和分类，我们可以得知，所谓的消费者的产品知识水平，是储存在消费者脑海中的与产品有关的信息和知识的框架及系统的结构，它可以对消费者的产品评价产生影响。

消费者的知识水平对消费者的购买行为有着显著的、积极的影响，是消费者所了解的包括关于产品属性等在内的所有因素的综合。关于这个问题，不同的研究者有着不同的看法，主要体现在以下几个方面：在 Dacin 和 Mitchell（1986）的研究中认为，消费者的知识水平与产品有着直接或者间接的相关关系，是消费者记忆的、认知的过程。以购买汽车的消费者为研究对象进行分析，他们发现，关于汽车的内饰和外观以及发动机等的零部件，不同的消费者对同一款汽车的解释是相似的，也就是说，如果不同的消费者所拥有的汽车产品知识相似，那么他们对产品的评价就会相似。从 Dacin 和 Mitchell 的研究中我们可以看出，对汽车的内饰和零部件的评价是消费者的客观知识，对汽车的外观的评价则融入了消费者的很多主观因素。

在 Brucks（1985）的研究中，将消费者的产品知识分为两个方面，即直观知识和非直观知识。直观知识是消费者主观的表现形式，而非直观知识是客观的形式。直观知识包括产品的属性和质量等因素，非直观知识包括外部环境、店铺的位置等因素。在 Scriber 和 Weun（2001）的研究中，把产品的知识分为属性、经验及品牌知识。其中，品牌知识是产品知识较少的消费者所依靠的最重要的因素，这类消费者由于缺乏产品知识，所以对产品的质量和属性不能做出正确的判断，只能依靠品牌，购买品牌知名度比较高的产品。他们认为，品牌知名度越高，产品的质量也就越好。Keller（1993）的研究指出，消费者的品牌知识是由形象和声誉构成的产品品牌集合体。

消费者的知识是其在面临问题时，为了解决问题而积累的有关知识（Aurieretal，1999）。消费者知识对信息搜集和处理产生影响，最终会影响其对产品的使用意图（Cordell，1997）。产品知识量多的消费者在购买产品时，会对一些具体细节产生兴趣，而产品知识水平低的消费者则只对产品的外观等属性进行大体的了解。

很多学者的研究表明，消费者的产品知识程度对消费者产品的搜集量会产生显著的积极的影响，缺乏产品知识的消费者其对产品的搜索行为也会变得被动，进而限制其对产品的搜索程度。所以，高知识水平的消费者对产品的搜索有着积极的影响，而低知识水平的消费者对产品的搜索程度会产生负面的影响关系。在 Newman 和 Staelin 的研究中发现，当消费者对某种产品具有购买经验时，他们就会很容易地吸收新的产品知识，从而拥有更多的产品知识，问题解决能力也就更强，会迅速地对产品做出购买决策。

三、价格敏感性

价格是为了满足需求，消费者购买产品时所付出的金钱代价。也就是说，价格对于消费者而言是成本，是商品的交换价值，还有购买商品所获得的效用价值。消费者在购买产品时，以价格、质量、服务、商标、商店等多种评价标准做出购买决定，对消费者而言感知的价格可以说是购买产品选择的重要影响因素。感知价格是指特定价格信息的多种形态反应，是个人对于特定产品的价值感知程度（Zeithaml，1984）。即使面对相同的价格，消费者所接受的价格的感知程度也会有所不同。消费者个人的评价标准不同，感知程度不同，做出的购买决定也不一样，因此价格敏感度也会对消费者的产品购买决定产生很大的影响。

文俊妍（2000）的研究说明了影响价格敏感度的因素，包括以下四个方面：第一，替代产品是否存在，如果消费者认为市场上有很多可以代替的商品，那么消费者对该商品的价格会变得敏感。第二，替代产品不具有差别化商品的属性，而这种差别化的属性存在于某种商品中，消费者觉得这些属性越重要，其价格敏感度越低。第三，对于消费者选择的对象，在难以判断的情况下，消费者对于知名度和认知度高的产品，价格敏感程度会变低。第四，当消费者认为商品的价格和商品的品质有着正的影响关系时，其对于商品的价格不会那么敏感。

Monroe（1990）的研究显示，价格敏感度说明了为品牌支付的意志、价格重要性和价格的弹性等测定因素。Kalra 和 Goodstein（1998）根据广告的策略，在关于价格敏感度的研究中，通过"想要支付的意志"和"价格重要性"两个概念测定了敏感度。Shankar、Raangawamy 和 Pusatin（1999）认为，消费者将价格敏感度与其他属性相比较，从而赋予价格的权重值就是价格重要性，为寻找更低的价格而努力的消费者更倾向于用价格探索的概念来测量。

价格敏感度的先行研究者 Goldsmith 在 2010 年研究了创新成果的关系。其研究结果是，具有创新性的消费者与不具有创新性的消费者相比，其对价格的敏感度较低，因此创新性对价格敏感度产生了负面影响。如对服装具有创新性的消费者，其对价格的敏感程度要低于一般消费者。另外，安宝英（2012）的研究还针对在购物网站购买过产品的20～30岁的消费者进行了分析，在价格探索中，这些消费者对产品价格和产品结构产生了一定的影响。调查显示，在消费者的特性研究中，只有追求多样性的趋向才会留意时尚消费者的价格探索。

综合先行研究，价格敏感度高的消费者与价格敏感度低的消费者相比，其更重视价格的重要性，而具有实用价值的消费者比具有快乐价值的消费者对于价格更敏感。根据价格敏感度的不同，对喜爱的品牌或商品的影响力也会有所不同，可见价格敏感度对商品的购买决策产生了重要的影响。本书将参照先行研究，把价格敏感度群体分为价格敏感度较高的客户群体和价格敏感度较低的客户群体进行研究。

价格敏感性指的是消费者对产品的价格变化的敏感程度。对消费者的价格敏感性产生影响的因素有两种：第一种是产品本身的因素，第二种是消费者个人的因素。产品本身的因素主要指的是消费者对产品的重要性的感知和价格的感知，即在消费者心目中越是重要的产品，其产品的替代品越少，产品的价格自然会高，而消费者的价格敏感性也就会降低；而在消费者心目中越是不重要的和无关紧要的产品，其替代产品越多，产品的价格就会降低，消费者的价格敏感性也就更高。消费者的个人因素指的是消费者的人口特性方面的因素，包括性别、年龄、收入等因素。一般来说，女性消费者比男性消费者对产品的价格敏感性要低，年轻人的价格敏感性比老年人的价格敏感性要低。收入越高的消费者，其对产品的知识储备量越高，因而对产品的感知经济价值和感性价值越高，价格敏感性自然就会降低。对于价格敏感性不同的消费者，企业可以采用不同的营销方法来进行营销。比如，对于价格敏感性高的消费者，企业可以采用优惠券、积分等形式；而对于价格敏感性低的消费者，企业就要用价值和质量来打动他们。

首先，价格敏感性高的消费者其产品知识比较少，对价格的高低非常重视，所以在购买产品时会采用比较理性的方式进行购买（何志毅，2004）。这类消费者在购买时，会拿现在的价格和以前的价格进行比较，价格低就会购买。对于价格敏感性高的消费者而言，其购买过程是非理性的，即只要产品质量好、感知价格高，又是自己喜欢的产品，就不会计较价格的高低，只会重视产品的质量和感知的价值，进而对购买行为产生影响。在常亚平等（2012）的研究中以手机市场为研究对象，认为对于相同收入的消费者，手机的外观和价格会对价格敏感性高的消费者产生积极的影响。

其次，产品的创新性不仅能够给消费者带来创新型的感知，而且还能与其他企业所生产的产品产生差异化，从而使得产品价格变高。价格敏感性高的消费者更重视产品的价格变化程度，即使企业的产品具有创新性，消费者也会因为价格高的原因不会购买此类产品，反而会去购买与此类产品相似，但价格便宜的替代品。例如，消费者在面对高价格、创新性强的新能源汽车和价格低、产品质量一般的传统汽车时，价格敏感性高的消费者毫无疑问会购买价格低、质量一般的传统汽车，因为在此类消费者看来，一般的传统汽车的性价比反而要高于新能源汽车。

相反，对于价格敏感性低的消费者而言，其会追求创新性和时尚性，更多地要求产品具有差异化，这时产品的创新性会增加消费者的购买意图。对消费者的购买意图产生影响的最重要的因素就是价格因素，价格敏感性的高低会直接或者间接地影响消费者的购买行为，在产品质量或者产品属性相似的情况下，消费者一般会选择产品价格比较低的产品。

一般情况下，消费者寻找产品质量高、感知价值高和价格高的产品需要投入一定的时间和精力，由于价格敏感性低的消费者对产品的质量和价值很重视，把质量和价值作为购买行为的主要决定性因素，他们认为投入一定的时间和经历去寻找质量好的产品是非常值得的，所以他们更倾向于购买质量好的产品；价格敏感性高的消费者则不同，他们只看重产品的价格，对产品的质量和价值不是很感兴趣，他们认为只要价格便宜，产品的质量就算一般，他们也愿意购买。所以，在很多学者的研究中，都把价格敏感性作为调节变量来使用，它是可以调节自变量对因变量的影响关系。

在王元凯（2008）的研究中，他使用1995—2005年国内各省之间的价格指数面板数据验证了城市和乡村之间的价格经济定律，从分析的结果来看，国内城市和乡村之间的价格定律存在一定的差异，城市部门的价格明显要高于乡镇。换言之，城市里价格敏感性低的消费者比较多，而在乡镇，价格敏感性高的消费者则比较多。

在国外的研究中，关于价格敏感性的研究比较多，这些研究一般都使用了实证分析，具有一定的客观性。在Yan和Sylwester（2010）的研究中，以中国36个城市中的44种产品为研究对象，使用了脉冲响应函数对数据进行分析，研究结果表明，国内产品的衰退期明显要比国际市场上的产品的衰退期要短，换言之，我们国家产品的价格相较于发达国家而言是非常便宜的。

北美自由贸易区由于地理位置和其他因素的不同，其消费者的价格敏感性也存在很大的差异。在先行文献中，关于美国和加拿大产品价格的对比研究比较多。在Yan、Bernard和Warren（2007）的研究中，对美国和加拿大1961—1996年的84种制造业产品的面板数据进行了研究，发现美国和加拿大的产品价格定律确实存在着很大的差异，行业不同其差异性越大。在Berka（2009）的研究中也是以美国和加拿大的产品为研究对象，对两国1970年1月至2006年5月之间的66组产品的面板数据进行了研究，研究结果发现，大件的产品其价格的浮动会比较小，而小件的产品其价格的浮动会比较大。

在Egger、Gruber和Pfaffermayr（2009）的研究中，使用了OECD国家1980—1996年195种产品的面板数据分析价格的波动，该研究使用了条件 σ 聚敛方法对价格的波动进行了研究，结果显示，1990—1996年，23个国家中有10个国家的产品价格波动是非常明显的，没有一定的规律可循。在Pippenger和Phillips（2008）的研究中，通过对先行文献的分析，发现先行文献中所研究的经济价格定律都存在着一定的不足，主要表现在：在零售价格中，没有考虑时间、运输费用、运输距离和产品的类型。

价格敏感性是指消费者对所购买产品的价格变化幅度的感知程度。价格敏感性的概念是经济学领域的一个组成部分，是价格弹性的一种表现形式。价格弹性主要是来自价格的浮动与产品销售之间的关系，是消费者对价格感知的一种表现形式。在现实中，很多因素是不由价格弹性决定的。所以，从价格弹性出发衍生出更明确和更准确的概念，即价格敏感性。

很多学者关注的重点不是价格敏感性本身，而是对价格敏感性产生影响的因素或者是价格敏感产生影响的因素。也就是说，有哪些因素会对价格敏感性产生影响，又有哪些因素是被价格敏感性所影响的。对于先行因素和后续因素的研究，能够使企业抓住消费者的消费心理，促进消费者的购买行为的产生，从而增加企业产品的销售量。消费者对产品价格的感知会直接影响消费者购买行为的产生，价格高的产品会影响价格敏感性低的消费者，相反，价格低的产品会对价格敏感性高的消费者产生影响。

既然价格敏感性的概念和定义在经济学领域非常重要，那么肯定会有学者对价格敏感性这个变量进行测量，因为只有把价格敏感性量化才能准确地了解消费者对价格的感知程度，从而有助于营销策略的开展。营销学中的价格敏感性和经济学中的价格敏感性不同，它是指消费者对产品价格浮动感知的程度，对消费者的购买行为有着显著的影响。当然，品牌的声誉也会对价格的敏感性产生影响。对于声誉好的品牌或者非常有名的品牌，消费者自然会降低其价格敏感性，因为此类品牌拥有高的价格是值得的；相反，声誉差的品牌，消费者会提高其价格敏感性。目前，有很多学者对品牌与价格敏感性之间的关系进行了研究，在Erdem 与 Swait 的研究中证明：品牌对价格敏感性会产生负的影响关系。

在 Erdem 等学者的研究中，也同样对消费者的价格敏感性进行了实证分析，结果表明，不管是线下购物还是线上购物，品牌的声誉都会对价格的敏感性产生负面的影响，也就是说，某种产品的品牌越有名，消费者的价格敏感性越低。在线上，尽管看不到实际的产品，但是单凭其名声消费者就不会质疑其价格。

在 Degeratu 的研究中验证了线上购物的消费者更容易受到产品品牌声誉的影响。根据经济学的一般理论，越是值钱的东西往往越具有稀缺性，越是名声大的产品其质量往往会越好，价值往往会越高。所以，企业要想降低消费者的价格敏感性，促使消费者去购买自己的产品，就必须要提高企业的名声或者声誉，让消费者心甘情愿地购买。

在 2003 年的《中国网上购物市场研究报告》中显示，在影响网络消费者购物的因素中，价格因素只占 16.7%，产品的质量和企业品牌的声誉则占 33.5%，从这些数据我们可以看出线上购物的消费者最关心的还是产品的质量和企业的声誉，企业的声誉会降低消费者的价格敏感性。品牌与价格敏感性相关关系的研究结果如表 3 - 5 所示。

表 3 - 5　品牌与价格敏感性相关关系的研究结果

研究者	观点	是否实证
Lal & Sarvary (1999)	大宗性的产品（有规律地去进行购买但不是经常性的）价格的提高，一般不会对消费者的购买行为产生影响，因为消费者的忠诚来源于对品牌的熟悉	是
Lynch & Ariely (2000)	他们设计了类似于 Wine. com 网站的网上虚拟购物环境，在网上购买时，产品的属性越是相似，消费者的价格敏感性就会越强，如果产品之间存在着差异性，那么消费者的价格敏感性就会降低	是
Degeratu (1998)	通过对线上购买和线下购买的对比，发现影响消费者购买决策的因素是产品的品牌声誉	是

续表

研究者	观点	是否实证
Hendel & Izerri (1999)	建立了一个理论分析模型，认为一般日常用品和奢侈品之间的品牌可靠性存在着显著的差异，奢侈品的品牌可靠性要明显地高于一般的日常用品	否
Erdem & Swait (2002)	品牌的可靠性与价格的敏感性之间存在显著的负相关关系，即品牌的可靠性越高，消费者的价格敏感性越低	是

很多学者也对价格敏感性与消费者的购买行为之间的关系进行了研究。例如，在纵翠丽的研究中，对消费者价格敏感性产生影响的因素有产品的质量、产品的种类以及品牌的知名度等因素，产品的品牌知名度越高，产品的质量越好，产品的类型越多，消费者的价格敏感性越低。

在骆紫薇等人研究消费者的情绪价值与价格敏感性之间的关系时指出，消费者对产品的好感度越强，其情绪价值越高，这时消费者的价格敏感性就会越低。从先行研究的梳理中我们可以看出，很多的研究只对那些能够对价格敏感性产生影响的变量进行研究，很少有对价格敏感性产生影响的因素进行研究，这是先行研究的不足之处。

在对这一问题进行分析时，我们可以依据一定的分析路径，即价格是影响消费者价格敏感性的一种先行因素，也就是说，消费量和需求量会对价格的变动幅度产生影响，而这种影响就是价格的敏感性。这种价格敏感性是经济学家根据经济学领域中的价格弹性演变而来的。价格弹性是由现需求变动量和原需求变动量的比值而得来的。

当消费者的需求弹性 =0 或者在（0，1）之间时，我们认为此时的消费者对产品是没有需求的或者是需求比较弱的。换言之，这时的消费者对价格的变化是不怎么重视的，也就是说，价格敏感性低。当消费者的需求弹性大于 1 时，则证明了消费者对价格浮动的敏感性比较高。将更多的因素投入其中时，我们就会发现，其他的因素（例如，收入、性别、年龄等）也同样会对消费者的价格敏感性产生显著的影响关系。当消费者的收入提高时，消费者的价格敏感性会降低；产品类型越丰富，价格敏感性越高；年龄越小，价格敏感性越低。当产品的特性发生变化时，这些因素对消费者价格敏感性所产生的影响关系也会发生变化。

价格的敏感性与消费者的购买行为之间存在着一定的关系：第一，价格敏感性能够对消费者的购买行为产生影响。当消费者的价格敏感性较低时，其购买行为也就会趋于稳定；而当消费者的价格敏感性较高时，其购买行为就不会那么稳定，因为这时的消费者只要对价格感到不满，就会去购买与此类产品相似的替代品，这时购买行为的稳定性会减弱。第二，价格敏感性会对消费者的购买行为产生持久性的影响关系。当价格敏感性高时，其持久性就会变弱；而当价格敏感性低时，其持久性就会变强，对忠诚度也会产生积极的影响。

换言之，在相同的购物环境中，不同的消费者，其感知的价格敏感性是不同的。同样，同一个消费者在不同的消费环境中其感知到的价格敏感性也是不同的。在 Petrick 等人（2005）的研究中发现，价格敏感性低的消费者更有可能成为企业的忠实消费者，只要产品质量好、感知的价值高，消费者就会购买企业的产品。当消费者对企业的产品所感知到的情感价值高的时候，就会减少对产品价格的关注，即使是价格高的产品，消费者也会购买。相反，当消费者产生不满时，就会产生很多的负面情绪，对其购买行为会产生不良的影响。

影响消费者行为的最重要的因素之一就是价格。价格敏感性是指消费者对产品价格弹性的感知程度。当消费者对企业或者产品的体验比较好时，消费者就会产生愉悦的心情，这时消费者的情感价值会增加，消费者对价格的重视度就会降低，或者更愿意去购买产品质量好的产品。消费者的负面情绪比正面情绪的感染程度更强，当消费者体验不合格时，就会立即中断对产品的购买行为，同时也会对周边的亲戚和朋友进行负面口碑的传播，从而导致消费者购买行为的减少（Petrick，et al，2005）。

企业要想抓住消费者的消费心理、降低消费者的价格敏感性，就必须以质量和品牌声誉为中心制定营销策略。产品的质量可以提高消费者对产品性价比的要求，以质量为手段让消费者感到物超所值，降低消费者的价格敏感性；而品牌声誉可以提高消费者对产品的感知价值和对产品的体验，感知价格和体验会降低消费者的价格敏感性。另外，消费者的怀旧情绪会对消费者的价格敏感性产生影响，越是怀旧的消费者，其对价格的感知越不敏感，而越是重视价格的消费者，其怀旧情绪越低。

在王霞、赵平、王高等人（2004）的研究中，使用了多元线性回归模型，对不同产品消费者的价格敏感性进行了实证分析。分析结果表明：针对不同的产品，消费者的价格敏感性是不同的，对一般日常用品的价格敏感度较高，对奢侈品的价格敏感性比较低；性别的不同，也会对消费者的价格敏感性产生影响。女性的价格敏感性要高于男性，女性消费者在购物时对产品的价格比较敏感。

综上所述，对消费者的价格敏感性产生影响的先行因素有产品质量、营销策略、品牌声誉和感知价值等因素。另外，饮料行业虽然价格竞争比较激烈，但是关于消费者价格敏感性的研究不是很多，今后可以对饮料行业的价格敏感性进行研究。价格敏感度（price sensitivity）是经济学领域的重要概念，来源于经济学中的价格弹性理论，在营销学或者管理学中，把价格弹性与消费者相结合，形成了价格敏感性的概念和理论。

对消费者价格敏感性产生影响的因素有以下几种：①产品的替代性。替代的产品越多，消费者选择的空间和余地也就会越大，此时消费者的价格敏感性就会越高。②产品价值的独特性。越是独一无二的产品，消费者的价格敏感性越低。③转换成本。当消费者更换企业的产品时，所需要的成本和费用过多，消费者的价格敏感性就会降低。④价格与质量之间的关系。当高价格意味着高质量时，消费者的价格敏感性也会降低。⑤）支出效应。当产品质量一般，而消费者所花费的成本较高时，消费者的价格敏感性就会增加。⑥最终利益效应。当产品的价格占总成本的比率越高（低）时，消费者对价格的敏感性就会越强（弱）。

第四章　研究设计与调查方法

第一节　研究假说的设定

一、产品的选择性要因对感知价值的影响

1. 熟悉性对感知价值的影响

消费者对产品的熟悉程度越高，对价格信息这种外在线索的依赖性就越低，对感知的质量和感知的价值产生的积极影响就越强（Rao & Monoroe，1988）。在 Hoyer 和 Brown（1990）的研究中，当消费者对特定产品的品质和价值难以感知时，在产品的价值认知和产品选择上就要使用对产品的熟悉性。

消费者一般利用熟悉的线索和因素来判断产品的价值，根据商标的熟悉程度来决定使用线索的数量，只要熟悉产品就会了解产品。由于对产品的性价比有一定程度的了解，所以可以购买性价比较高的产品，由此可以判断，熟悉性对感知的经济价值有积极的影响（Alba & Hutchinson，1987）。

产品的熟悉性和感知的经济价值之间的关系，也适用于 PB 产品。从 Bettman（1974）的研究结果来看，消费者对 PB 产品的熟悉程度越高，产品感知的性价比就会越高；感知的风险越低，对 PB 产品的偏好度越高。其他研究也发现，对产品的熟悉程度越高，对 PB 产品感知的经济价值也会越高（Richardson，Dick & Jain，1994）。一般来说，消费者更关心自己熟悉的产品，如果这种熟悉性发展起来，就会增加消费者对产品的感性享受。

对于熟悉性和感性价值的研究如下。

Gremler（2001）研究品牌熟悉性与感性价值之间的关系认为，品牌熟悉性越高，越是熟悉的产品，消费者越会经常购买，越是感到亲切和愉快。Vaidyanathan 和 Aggarwal（2000）的研究表明，消费者通过推

论产品的构成要素来判断产品的整体价值，对熟悉或熟知的产品，消费者往往产生感性的愉悦和亲密感，从而产生对产品的良好态度。这种熟悉性被认为是对产品感知价值非常重要的先行因素。根据这些讨论设定了以下假说。

假说1-1：PB产品的熟悉性对PB产品感知的经济价值产生正（+）的影响关系。

假说1-2：PB产品的熟悉性对PB产品感知的感性价值产生正（+）的影响关系。

2. 感知质量对感知价值的影响

在许多先行研究中，感知的价值可以定义为"消费者从特定产品或服务中所期待的各种便利集合和他们将要支付的总费用之间的差异"。此外，消费者所感受到的产品价值是由获得效用和交易效用之和组成的（Monroe & Chapman，1987）。像这样的价值在刘英镇和河东贤（2007）的研究中被证明是菜单质量对菜单价值的肯定性影响。在Zeithaml（1988）的研究中，感知的质量被定义为消费者对特定品牌的看法，即消费者对肉眼看不到的主观质量或产品的优越性和卓越性的判断。为了了解消费者认知产品的质量和价值之间的关系，对使用特定饮料的消费者进行了采访。实施的结果是，消费者所认知产品的质量影响其经济价值和感性价值，而这种感知的价值同时也影响消费者的再购买意图。Dodds等（1991）的研究表明，消费者对产品质量的感知对经济价值和感性价值都有着积极的影响，但质量的感知对经济价值的影响力明显要大于对感性价值的影响力。吴再新（2006）认为，大型折扣店的多种产品、配置等技术品质，以及销售人员的服务态度和产品知识等功能品质，都对消费者感知的经济价值和感性价值产生了显著的积极影响，即大型折扣店里多样的产品种类等技术品质对消费者的经济价值产生了更大的影响，销售人员的服务态度和专业的产品知识等功能品质更多地体现在消费者的感性价值上，所以功能品质对感性价值的影响力更大。

可以说，消费者对产品质量的感知不是绝对的，而是相对的、主观的。Shiha（2000）的研究表明，当价格和质量之间的关系是积极正向的关系时，客户就会感到价值是适当的；当价格低、品质水平高时，经济价值和感性价值相对更高；当价格高、品质低时，消费者感知的经济价值和感性价值就会降低。当 PB 产品质量变化较大，不固定时，如果与制造商的产品相比，在质量上存在较大差异，消费者感知的 PB 产品价值就会降低。根据这些讨论设定了以下假说。

假说 2－1：对 PB 产品感知的品质，对 PB 产品感知的经济价值产生积极的影响。

假说 2－2：对 PB 产品感知的品质，对 PB 产品感知的感性价值产生积极的影响。

3. 店铺形象对感知价值的影响

店铺形象是指消费者对某一店铺形成一段时间内的整体印象（Jain & Etgar，1977）。消费者因产品在商店的声誉而对产品的质量和价值的感知产生影响，即无论是在折扣店还是在市场上销售的产品，都存在"质量水平低，产品价值自然低"的感知倾向。然而，在高档百货商场里陈列和销售的产品，即使与市场上销售的产品在质量上没有什么差别，也可能造成消费者对百货店里的产品产生更高的价值感知。

对卖场的印象可以说是卖场的个性，对于特定的卖场，消费者所具有的整体印象，即店铺形象。在对店铺形象和感知的价值进行实证分析的研究中，店铺形象对经济价值和感性价值都有着积极的影响（Dodds & Grewall，1991），即如果店铺的形象好，消费者对店铺的印象好，消费者就会喜欢店铺里陈列和销售的产品，进而对店铺产生好感，在购买该店铺的产品时，有可能购买性价比高的产品。如果能够以合适的价格购买到好的产品，消费者就会对店铺感到满意，对那个卖场会持肯定的态度（Korgaonkar，et al，1985），从而就会对那家店铺销售的产品或服务产生高度的感性价值（Baugh & Davies，1989）。

吴明健（2000）在针对餐厅的研究中指出，越是好的店铺形象越能吸引消费者，消费者感知的服务价值就会越高，并且提出了形象是感知价值的先行变量。Allison 和 Uhl（1964）对产品没有提出品牌形象时，对啤酒的喜好度进行了比较，通过得出产品的品牌形象对啤酒的喜好度产生积极影响的结果，把握住了品牌形象的重要性。李承益、高在润（2011）的研究表明，品牌形象对感性价值、经济价值和功能价值都有积极的影响。

Bitner（1990）在《服务营销理论》一书中说，一个企业的形象是影响服务企业整体评价的重要因素。Smith、Andrew 和 Blevins（1992）表示，形象是影响感知价值的重要变量。根据 Markus（1997）的研究，店铺形象是影响购买者购买决定的自我概念。朴东均（2003 年）表示，为了表现出感知的经济价值和感性价值高的忠诚度，正面形象是非常重要的。徐一权（2003 年）对国内航空公司乘客的研究表明，航空公司形象会影响感知的经济价值、情绪价值和消费者满意度。在上述先行研究中发现，店铺形象能够提升消费者的感知价值。根据这些讨论设定了以下假说。

假说 3 - 1：对于 PB 产品的店铺形象，会对 PB 产品感知的经济价值产生积极的影响。

假说 3 - 2：对于 PB 产品的店铺形象，会对 PB 产品感知的感性价值产生积极的影响。

4. 感知价格对感知价值的影响

感知的价格是使用产品或购买产品后，成果和支付的价格进行比较后发生的，与投入和产出的意义相似，产品购买后出现的感知价格与本书中对购买前判断的价格的公平性感知时点存在一定的差异。从消费者的观点看来，价格是为了购买或使用产品而支付的，是牺牲货币价值的表现。作为牺牲的价格，是消费者从企业得到产品或服务而付出的代价，对于消费者而言起到了费用的作用。最终，感知的价格可以说是消费者衡量产品效用的手段和方法（白静淑，2007）。

消费者对价格的感知，不仅与感知的价值有着直接的关系，而且还决定了消费者的购买行为。Monroeand Krishnan（1985）以百货商店为中心进行了研究，消费者感知产品的价格越高，就越能感受到产品的感知价值，从而对产品的购买行动有着积极的影响。消费者把价格作为产品质量和实惠的指标以及重要的次要因素来使用，而那些高性价比的产品品牌往往被认为具有更高的品质和更高的经济价值，相对于那些被认为价格低的品牌来说是非常具有竞争力的。价格可以增强或削弱消费者对商品的信任，也可以提高或降低消费者对产品的预期水平。特别是服务产品，由于其无形性的特点，正确定价远比实际产品更重要，服务的价格作为服务产品质量水平和价值的依据或证据。

在购买产品时，感知的价值将起到评估和判断其商品效用的作用（Zeithaml，1998）。McConnell（1968）说，消费者在没有或有少量产品信息时，往往倾向于单纯地对价格高的商品进行评价。这是因为当消费者没有充分的知识或信息来衡量产品的质量时，他们一般通过过去的经验得出价格高的商品质量会更好的结论。在许多先行研究中表明，感知的价格会影响感知的质量和感知的价值。价格折扣影响消费者的内部准价，继而对消费者感知的价值产生显著的影响（Grewal，Krishnan & Borin，1998）。

Changa 和 Wildt（1994）的研究表明，感知的价格越高，感知的质量就越高，此时感知的经济价值和感性价值就会减少；相反，感知的价格越低，感知的质量越高，此时感知的经济价值和感性价值就会增加，即如果能够以合适的价格购买到优质的产品，消费者就会对经济价值产生很好的感知，从而购买到优质的产品，由此对消费者的感性价值产生积极的影响。上述先行研究表明，消费者感知的价格会对感知的价值产生积极的影响。根据这些讨论设定了以下假说。

假说 4 - 1：对 PB 产品的感知价格会对 PB 产品感知的经济价值产生积极的影响。

假说 4 - 2：对 PB 产品的感知价格会对 PB 产品感知的感性价值产生积极的影响。

二、感知价值对购买意图的影响

消费者感知的价值是认知观点的构成要素，是基于利益和牺牲的不一致，关于未来的指向性战略层面，我们着重于如何提供最能满足当前及潜在客户要求的价值（Eggert & Ulaga，2002）。在 Bojanic（2005）的研究中提出，比消费者满足更能预测企业成果的构成概念，并主张消费者价值可以解释为商品选择、购买意图、再购买等消费者行动的不同部分。此外，感知的价值或消费者满足成为消费者忠诚度或消费者维系的手段，近年来，感知的价值逐渐成为为消费者选择属性和持续意愿行动提供积极影响的重要因素。

根据 Darsono 和 Junaedi（2006）的研究，消费者感知的感性价值越高，满足度就越高，上升的满足感会引领消费者的忠诚度和购买意图。Baker（2002）通过研究证明，感知的经济价值越高，消费者的店铺访问意向就越高。

李熙淑、林淑子（2000）的研究表示，消费者对积极的感性价值认知越多，对商品的购买意图就越强烈，消费者对消极的感性价值认知越多，对商品的购买意图就越弱。任钟元（1995）表示，购买意图是指消费者对商品购买的意志，是感知的价值和态度之间的联系点，为了预测购买意图，可以使用价值和态度。因此，消费者感知的质量价值是支付意向及购买意图的重要变数。一般来说，感知的质量一旦提高，价值和满意度就会随着提高，这就会与支付意向及购买意向产生紧密的联系。在这种背景下，卢永来（2009）认为，消费者感知的质量和经济价值对购买意图的形成有着积极的影响，具有维持当前消费者的防御性效果和灵活使用新消费者的攻击性效果的作用，从而增强了消费者的购买意图。向消费者传达感知的价值被认为是企业要取得成功的重要因素之一，因此在当今的产业市场上，价值影响最大、对价值作用感兴趣的经营者越来越多（赵秀贤，徐在秀，2011）。其理由是感知的感性价值和经济价值对消费者的态度和行为意图具有非常大的影响力，可以提供获取经营成果的最佳手段和方法（朴仁秀，朴成奎）。朴星河（2015）利用餐饮企业合作卡打折计划，针对消费者感知的价值对餐饮行业的再次访问意图产生的影响进行了假设鉴定，结果被认定为打折计划会对消费者的再访问意图产生积极的影响。崔元植、李秀范（2012年）研究了环保餐厅服务日程对感知的感性价值、态度、行为意图的影响，统计证明，感知的价值对购买意图有着积极影响。尹雪民、吴善英（2015）以访问釜山国际水产贸易博览会的游客为对象进行研究，确认游客的感性价值和功能价值对再次访问意图有着积极的影响。上述先行研究表明，感知的价值会直接影响购买意向或访问意向。根据这些讨论设定了以下假说。

假说 5 - 1：对 PB 产品的感知经济价值会对 PB 产品的购买意图产生积极的影响。

假说 5 - 2：对 PB 产品的感知感性价值会对 PB 产品的购买意图产生积极的影响。

三、关于度的调节效果

关于度被认为是消费者研究中的重要变量之一，在营销学和渠道学的研究中发挥着重要的作用。消费者购买特定产品时，如果关于度很高，就一定会带着更多的关心，用其产品的质量来判断产品感知的价值（金钟旭，朴相哲，2005）。在对商品的关于度较高的情况下，消费者即使需要大量的时间来提高购买的合理性，也会以数量众多的备选方案为对象，经过更复杂的评估过程，做出最终的购买决策。在这一过程中，消费者通过比较评价，对比自己支付的价格和费用，选择质量最好的产品购买。在这种情况下，消费者购买性价比高的产品，往往相较于情绪，尤其积极情绪等情感价值而言，更倾向于性价比高的感知经济价值。因此，对于关于度高的消费者来说，与其说是熟悉性、店铺形象、知悉的价格，不如说是感知的质量会更多地影响其经济价值。相反，在参与度低的情况下，由于对产品的关注相对较小，所以有加快决策的倾向，一般看产品价格就立即决定购买意向，所以消费者在购买产品时会更依赖和重视产品的价格。如果消费者对产品的关于度低，就会经常购买价格比较便宜的产品，在这个购买过程中，消费者可以以便宜的价格买到一些质量好的产品，可以感受到更多的经济价值。因此，对于关于度低的消费者来说，可以预测到熟悉性、感知的质量、感知的价格会比店铺形象更能影响其经济价值。

郑明信、金在淑（1999 年）认为，关于度高的消费者，比起实用性的价值来说，更追求快乐的价值，这样的消费者不仅仅追求因为产品本身而感到快乐的价值，而且还追求卖场内部的环境和装潢等的卖场形象而产生情感上的愉悦，即快乐的价值。Engel、Blackwell 和 Miniard（1995）认为，消费者对产品的关心程度越高，对产品就越重视，继而对陈列其产品的专卖店也就越感兴趣。可以说，该店的内部环境及形象越好，消费者在感情上就越能感受到快乐。相反，对于关于度低的消费者来说，由于对产品的关注度相对较小，在这种情况下，消费者可以不经过对产品的信息搜索而习惯性地购买，即购买自己熟悉的产品，从而让其产生情感上的愉悦。根据这些讨论设定了以下假说。

假说6-1：对于关于度高的消费者来说，感知的质量对经济价值产生的影响力比熟悉性、感知价格、店铺形象产生的影响力要大。

假说6-2：对于关于度低的消费者来说，感知的价格对经济价值产生的影响力比熟悉性、感知质量、店铺形象产生的影响力要大。

假说6-3：对于关于度高的消费者来说，感知的店铺形象对感性价值产生的影响力比熟悉性、感知质量、感知价格产生的影响力要大。

假说6-4：对于关于度低的消费者来说，熟悉性对感性价值产生的影响力比感知的质量、店铺形象、感知价格产生的影响力要大。

四、知识水平的调节效果

产品知识在评价产品或服务和处理信息过程中发挥着非常重要的作用（Sujan，1985）。延光浩、朴云龙和金美珍（2006）的研究显示，产品知识多的消费者对相关产品会拥有更系统的知识结构，因此可以减少认知上的努力。他认为，对自己想要的产品可以更快地做出购买决策，对产品或服务的分类可以更加细化。因此，对于产品知识丰富的消费者来说，更加看重产品的质量，并由产品的质量来判断产品的价值。可以说，产品质量越好，消费者付出的价格和费用对比的性价比就越高，对经济价值的影响也就越大。产品知识较少的消费者，由于对商品本身知识水平低，对产品属性了解不多，处理商品信息的能力也较差，所以为了评估产品，会更多地依赖像价格这样的外在线索，只能根据产品的价格来判断产品的经济价值，即只要认为价格合适，消费者就不会考虑其他的信息，认为自己支付的价格对比价值的性价比高，对经济价值影响更大。Maheswaran 和 Sternthal（1990）的研究证明，消费者在产品判断上因知识形态的不同而有所不同，特别是消费者的知识水平在产品判断中发挥了重要作用。他们发现，知识水平越高的人越会更多地去探索信息，更多地依赖于自己的判断。对产品具有较高知识水平的消费者在评价产品时，对产品属性信息的理解会更快，即根据对产品的知识水平，形成很好的推论能力，对产品质量更容易判断。不仅是对产品的质量，如果对陈列产品的卖场的内部环境、形象及氛围感到满意，消费者可以超越经济价值，在感情上感受到快乐。也就是说，如果消费者对卖场的品牌形象感到满意，就会感受到更多的感性价值。相反，产品知识水平低的消费者，对于产品的属性不是很了解，对产品的信息处理能力低下，会根据产品的价格多少以及对产品的熟悉程度对产品进行评价和判断。在这种情况下，消费者越是熟悉的产品，越是经常购买的产品，在感情上越有可能感受到亲切和快乐。根据这些讨论设定了以下假说。

假说 7-1：对于知识水平较高的消费者来说，感知的质量对经济价值产生的影响要大于熟悉性、店铺形象和感知的价格。

假说 7-2：对于知识水平较低的消费者来说，感知的价格对经济价值产生的影响要大于熟悉性、店铺形象和感知的质量。

假说 7-3：对于知识水平较高的消费者来说，店铺形象对感性价值产生的影响力要大于熟悉性、感知质量和感知价格。

假说 7-4：对于知识水平低的消费者来说，熟悉性对感性价值产生的影响力要大于感知质量、店铺形象和感知价格。

五、价格敏感性的调节效果

价格敏感性是指消费者愿意支付低廉价格的倾向或意愿的个人特性变量，在先行研究中使用与价格意识性类似的含义（Kim & Park，2003）。价格敏感性会引发消费者对产品或服务价格水平变化的反应的个人差异，而价格敏感性较高的消费者对价格变化的反应相对较大（Goldsmith & Newell，1997）。价格是影响消费者对产品的采购行动的因素之一，对消费者的采购意向起着重要作用（Erdem，et al，2001）。价格敏感性是消费者对价格的主观反应，因此敏感的消费者在购买任何产品时都追求相对低廉的价格，在产品价格上涨时支付费用的意志减弱。相反，对价格不敏感的消费者与对价格敏感的消费者相比，在购买相同的商品时，即使价格高，也有支付费用购买的意志（Foxall & James，2003）。根据朴贤熙、卢美真（2012）的研究，消费者的价格敏感度越高，对价格的反应就越敏感，有意以低廉的价格购买优质产品。在经济萎缩时，许多消费者在消费时都希望购买价格更低的产品，采用以性价比为考量的合理消费方式（南银河，李振华，2009）。相反，对于价格敏感度较低的消费者，只要质量好，即使价格高也愿意购买（Foxall & James，2003）。也就是说，价格敏感度低的消费者对价格不敏感，不重视，只重视产品的质量。如果产品的质量好，即使价格高也要购买。价格敏感性较高的消费者在购买产品时，不仅要追求低廉的价格，而且还要购买自己熟悉的和经常购买的商品（Bowen & Shhoemaker，1998），即消费者在购买产品时会喜欢价格低廉和熟悉的产品，购买这些熟悉的产品，让消费者感到亲切和情感上的愉悦。相反，价格敏感性较低的消费者认为产品质量很重要，而且陈列产品的卖场内部环境、形象及氛围也很重要（申钟国，朴敏淑，2007；Foxall），即价格敏感性较低的消费者更愿意选择品质优良的产品和环境、形象和氛围较好的卖场，良好的卖场形象和氛围将超越消费者所感受到的经济因素，让消费者在精神上、情感上感受到快乐，即优质的产品会让消费者感受到经济价值，优质卖场的形象会让消费者得到感性价值。根据这些讨论设定了以下假说。

假说8-1：对于价格敏感性较高的消费者来说，感知价格对经济价值产生的影响要高于熟悉性、感知质量和店铺形象。

假说8-2：对于价格敏感性较低的消费者来说，感知质量对经济价值产生的影响要高于熟悉性、感知价格和店铺形象。

假说8-3：对于价格敏感性较高的消费者来说，熟悉性对感性价值产生的影响要高于感知质量、店铺形象和感知价格。

假说8-4：对于价格敏感性较低的消费者来说，店铺形象对感性价值产生的影响要高于熟悉性、感知质量和感知价格。

六、PB 产品与 NB 产品的比较

PB 产品至今仍被认为是质量不如 NB 产品，是价格低廉的产品。朴贤熙和卢美真（2012 年）的研究表明，想要购买 PB 产品的消费者对价格非常敏感，并且有意以低廉的价格购买质量不错的产品。特别是在经济萎缩时，很多消费者在消费时，如果是相似的产品，就愿意支付更低的价格（南银河，李振华，2009）。PB 产品与 NB 产品相比，价格低廉，消费者非常重视产品本身的质量问题，只要质量再好一点，他们就可以在经济上感受到价值。根据这些讨论设定了以下假说。

假说9-1：对于喜欢 PB 产品的消费者来说，感知的质量对经济价值的影响要高于熟悉性、店铺形象和感知的价格。

NB 产品质量好，价格高。在对 NB 产品的研究中金慧英（2011）认为，价格和设计对消费者感知的价值和满意度有着显著的正影响。崔浩林（2009）的研究中设定了在产品的外在属性中适当的价格会影响消费者对产品的评价和购买的假说，研究结果表明，感知的价格可以说

是消费者评价产品的重要手段。换句话说，如果 NB 产品的质量比 PB 产品好，产品本身的价格再适当低一些，消费者就可以购买到性价比高的产品，就会在经济上感到非常有价值。根据这些讨论设定了以下假说。

假说 9-2：对于喜欢 NB 产品的消费者来说，感知的价格对经济价值的影响要高于熟悉性、感知的质量和店铺形象。

在 Assael（1992）的研究中，消费者对感知卖场的整体印象被定义为店铺形象。Smith 和 Park（1992）的研究结果显示，消费者将商标名和店铺形象作为自己获得的产品和服务的优惠指标。Bitner（1990）的研究中，喜爱和偏好流通企业产品的消费者，不仅对流通企业产品的本身有兴趣，还非常重视陈列该产品的流通企业的店铺形象和氛围。如果流通企业店铺的形象和气氛都很好，消费者对产品就产生了自豪感，内心就会感到非常愉悦。Smith、Andrew 和 Blevis（1992）的研究表明，零售商的店铺形象会对消费者的感知价值产生显著的正影响。特别是对于购买 PB 产品的消费者来说，如果店铺形象和氛围好，其更能感受到快乐。根据这些讨论设定了以下假说。

假说 9-3：对于喜欢 PB 产品的消费者来说，店铺形象对感性价值的影响要高于熟悉性、感知的质量和感知的价格。

一般来说，消费者对于自己熟悉的产品会更加关注，更容易形成良好的情感，从而达到良好的态度。Grememer（2001）对产品熟悉性和态度之间关系的研究表明，熟悉性对态度产生影响时，积极的情绪起到了媒介作用，即如果消费者对产品熟悉的话，会首先对产品形成积极的感情，接着表现出积极友好的态度。Vaidyanathan 和 Aggarwal（2000）的研究表明，消费者通过对产品的构成要素进行推论来判断产品的整体质量，对于非常熟悉、广为人知的制造企业的产品，消费者要么对产品质量有很高的认识，要么对商品形成良好的态度或情绪。一般来说，NB 产品已经是市场上家喻户晓的产品，比 PB 产品知名度高，可以说是消费者非常熟悉的产品。比起 PB 产品，消费者更能感受到 NB 产品所带来的那种熟悉的感觉。根据这些讨论设定了以下假说。

假说9-4：对于喜欢 NB 产品的消费者来说，熟悉性对感性价值的影响要高于感知的质量、店铺形象和感知的价格。

第二节 研究模型

本书对消费者感知的 PB 产品的选择性因素，对感知的价值及购买意图产生何种影响进行了研究，同时根据消费者的特性（关于度、知识水平、

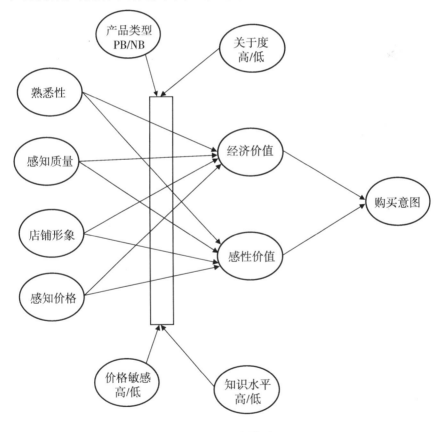

图4-1 研究模型

价格敏感度)、产品的类型（PB/NB）、产品的选择性因素对消费者感知的价值（经济价值和感性价值）产生怎样的影响进行研究。为此，设定的自变量是产品选择性因素，中介变量是感知价值（经济价值和感性价值），调节变量是关于度、知识水平、价格敏感度和产品类型（PB/NB），因变量是消费者的购买意图。本书根据自变量、中介变量、调节变量和因变量的影响关系设定了以下研究模型，如图 4－1 所示。

第三节　测量变量的定义

一、熟悉性

所谓熟悉性，是指为评价 PB 产品所要求的评价标准，包括品牌的理解、产品的知识或技术等要素（Howard & Sheth，1969；Richardsonetal，1996；徐向美，2007）。Dick、Jain 和 Richardson（1995）对熟悉性做了定义，即消费者对产品了解的知识或理解的程度以及对产品的消费经验。本书将熟悉性定义为流通企业对 PB 产品的知识，或理解的程度。本书为了对熟悉性进行测量，根据 Bettman（1974）及 Dick、Jain 和 Richardson（1995）的研究，选择了适合本书的测量项目，即"我对 PB 产品非常了解""有使用过 PB 产品的经验""对 PB 产品的名称非常熟悉""经常购买 PB 产品"4 个测量指标。

二、感知质量

在 Zeithaml（1988）、Aaker（1991）和 Keller（1998）的研究中，将消费者感知的质量作为"消费者对心中所形成的商品的优越性的总体判断和评价"指标。Maynes（1986）的研究表明，由于消费者在考虑对象产品的集合体内对产品的质量进行相对的评估和判断，因此感知的质量一般是在消费者的主观判断和评估中产生的。Zeithaml（1988）将感知的质量定义为四个特性：第一，感知质量是客观质量与实际质量相区别的主观概念。第二，感知质量与其说是产品的具体属性，不如说是高水平的抽象多维概念。第三，作为消费者对特定产品的全面评价和判断，是一个类似于消费者对产品的态度的概念。第四，感知质量是消费者对产品集合体之间的相对优越性的判断。Parasuraman、Zeithaml 和 Berry（1985）的研究认为，用于衡量服务产业中的感知质量，包括可靠、感情投入、保证、责任心和有形性 5 个测量指标。Brucks 和 Zeithaml（1987）用于测量耐用品的感知质量，包括使用便利性、功能性、性能、耐用性、服务能力和声誉 6 个测量指标。Garvin（1987）为测定感知的质量，使用了性能、外观、可靠、协调、耐用、服务能力、美感、形象 8 个测量指标。

Dodds、Monoroe 和 Grewal（1991）为测试感知的品牌质量，使用了可靠性、质量、耐用、确定性和正面的品牌名称 5 个测量指标。在 Petroshius 和 Monoroe（1987）的研究中，使用了可靠性、手艺、外形性、功能、确定性和耐用性 6 个测量指标来衡量感知质量。Garvin（1987）将感知质量定义为"店铺形象、品牌、广告等间接评价层面的质量，是消费者各自感受的主观品质"。本书以 Garvin（1987）和全素妍（2009）的研究为基础，选择了适合本书的测量项目，即"PB 产品的质量整体可靠""PB 产品的功能全面优良""PB 产品的外形整体优良""PB 产品的质量全面可靠"4 个测量指标。

三、店铺形象

店铺形象被定义为消费者对零售商店铺具有的低廉性、亲近感、便利性以及产品质量、多样的产品分类等定型的整体印象。或者说，店铺形象是对消费者作为流通企业购买者在一定时期内形成的对流通企业店铺的印象，是消费者对流通企业店铺所具有的整体印象（Doyle & Fenwick，1975）。Martineau（1958）的研究根据部分店铺的功能特点、心理特点、特定消费者定义的方式来对店铺形象进行具体定义。

店铺形象会影响消费者选择零售商店铺的行为，也就是说，当消费者体验到理想中的零售店铺形象时，就会对这个店铺感到满意，进而形成良好的态度（Korgank）。此外，消费者对店铺的印象对其在店铺购买商品或选择商标有相当大的影响，即使零售商店铺的形象与特定商品或商标的质量感知之间形成积极良好的关系，从而促进消费者对产品产生购买行为（Baugh & Daxis，1989）。

Martineau（1958）将店铺形象定义为受功能品质和心理因素的影响，消费者对零售商店铺的感知形象。本书以 Martineau（1958）和金敏智（2010）的研究为基础，选择了适合本书的测量项目，即"认为访问的店铺有着便利的空间布局""认为访问的店铺气氛舒适""访问的店铺的产品陈列在容易找到的地方""访问的店铺具备多种产品的分类"4 个测量指标。

四、感知价格

感知价格是外在线索中有关感知质量讨论最多的概念，虽然许多研究结果表明消费者对商品的实际价格并不了解，但实际价格对他们来说是一种有意义的形式（Dickson & Sawyer，1985；Zeithaml，1982，1983）。消费者在感知产品的质量时，往往利用价格这一线索，但不会因为商品的价格相对低廉而认为质量相对较差。Klepper（1979）认为，PB 产品价格相对低廉，是因为节省了广告费用，而不是质量的差异。价格是引起冲动购买的重要原因（Rook & Hoch，1985）。郑俊镐（1997 年）认为，比起绝对价格，消费者对打折销售等相对价格的冲动购买倾向更加敏感。Hoch 和 Loewenstein（1991）的研究表明，消费者经历了影响实际采购过程的某些干预，而对商品的付款就是这种干预之一，即购买后为了防止后悔而发生的干预，通过欲望和意志力之间的费用分析来消除。

Zeitharml（1988）的研究表明，消费者对感知的价格认知的推定价格，不仅是消费者为获得产品而支付的金钱，还有时间、努力和探索费用等非金钱性费用等与消费者价值有关的可视性或非视性要素的价格。本书中以 eithaml（1998）的研究为基础，选择了适合本研究的测量项目，即"选择 PB 产品时非常看重价格""认为 PB 产品的价格是合适的""购买 PB 产品时要与其他品牌的产品价格进行比较""购买 PB 产品时要考虑价格"4 个测量指标。

五、感知价值

在 Sweeney 和 Souter（2001）的研究中，把感知的价值定义为是对消费者支付或放弃的代价，对消费者得到的实惠和便利进行综合的评价。本书将消费者感知价值定义为基于消费者提供的所有以及所提供的一切感知的全面的产品有用性的评价。考察以多维概念分类感知价值的先行研究，以金敬姬（2010）、李兴延（2010）、郑智恩（2010）、罗京洙（2015）的测定项目为基础，构成了本书的测量项目。在本书中，以金敬姬（2010）、李兴妍（2010）、郑智恩（2010）的研究为基础，选择了适合本书经济价值的测量项目，即"我购买的产品或获得的服务具有超出支付费用的价值""我购买 PB 产品时，提供了与支出费用相对应的商品""我购买 PB 产品时，价格总的来说比较合理""我购买 PB 产品时，会给予价格相应的优惠"4 个测量指标。感性价值测量指标选取了"考虑到所需要的时间和努力，购物本身非常愉快""我购买 PB 产品时心情很好""我购买 PB 产品时对产品有好感""我购买 PB 产品时对 PB 产品有好感"4 个测量指标。

六、购买意图

购买意图是指消费者对产品或服务决定购买的心理因素、嗜好、态度、要求、社会认知等决定性因素直接或间接地暴露在说服性信息中，这意味着产生了购买产品或服务的想法（崔江锡，前盖书，2010）。此外，购买意图是作为测试感知质量的外部效果而使用的消费者行为变量（Eugene，1999），消费者的购买意图意味着消费者对预期或计划的未来采取行动，可以认为信念和态度是行为或行动的概率（Engel，1990）。

本书以 Engel 等人（1990），Anderson 和 Sullivan（1993），Grewal 等人（1998）的研究为基础，购买意图是指消费者为购买某个品牌而努力，并决定采取购买行动的心理因素，是指消费者对预期或计划采取行动，信念和态度是行为或行动的概率。本书以金周胜（2012）、朴成夏（2015）的研究为基础，选择了适合本书的测量指标，即"我下次还会购买该流通企业的产品""今后出现购买的产品时，我会优先考虑该流通企业品牌""我会继续使用该流通企业品牌""我对该流通企业的产品持肯定态度"4 个指标。

七、价格敏感性

价格敏感性是指消费者对产品和服务价格反应的个人差异，是指个人对价格水平及其价格水平的反应差异（Goldsmith & Newell，1997）。在本书中，价格敏感性意味着消费者对价格的反应态度。为了测定价格敏感性，以 Goldsmith 和 Newell（1997），金有珍（2014）的研究为基础，选择了适合本书的测量指标，即"在购买自己喜欢的产品时，重视价格""我努力寻找价格低廉的产品""我为了寻找价格低廉的产品，有意向访问各种店铺""我尽量在不超过预期数额的范围内购买产品""如果我想要购买的产品价格上涨，我就不会去购买那些产品""我想要购买的产品的价格很贵"6 个测量指标。在本书中，将价格敏感性分为高、低群体，将测定的分数合计，以平均值为标准，如果高于平均值就分为高群体，低于平均值就分为低群体。

八、关于度

一般来说，消费者在购买产品时，会积极地进行信息的探索、比较和评价，综合做出购买决策；或者单纯地根据自己的经验购买自己满意的产品；或者不经过复杂的决策过程，而是按照习惯进行购买。消费者的这种多样的购买行为，可以用关于度的概念来解释。

关于度是指个人对产品和服务的重要性或关注程度（Zaich kowsky，1986）。Antil（1984）将关于度定义为"特定情况下因特定刺激而引起的感知到的个人的重要性或关注、注意程度"。本书将关于度的概念定义为个人对产品的关心度或其重要性的认可度，为了测定关于度，本书以 Laurent 和 Kapferer（1985）的研究为基础，选择了适合本书的测量指标，即"我对 PB 产品很感兴趣""我对购买 PB 产品感到非常高兴""在购买 PB 产品之前，我会通过网络、广告以及周围人的意见等多种方式收集信息""我在选择 PB 产品时，会慎重考虑并选择"4 个指标。本书将关于度分为高、低群体，将所测定的分数合计，以平均值为准，如果高于平均值就分为高群体，低于平均值就分为低群体。

九、知识水平

从一般意义上讲，知识是由消费者通过学业、教育以及自己的经验来进行学习的，并储存在记忆中，是用已知的内容或认识及经验来定义的。在 Alba 和 Hutchinson（1987）的研究中表明，消费者如何收集、组织和整理信息，最终影响消费者购买哪些产品，如何利用这些产品，是重要的消费者构成概念。在 Bettman 和 Park（1980）的研究中，产品知识是指"在消费者事前记忆结构中，判断和评价产品属性与产品成果之间的关系的能力以及对产品进行对冲使用的经验的程度"。

本书将消费者的知识水平定义为"消费者自己感受到的对流通企业提供的多种 PB 产品的了解程度"（Chioetal，2002）。在本书中，为了测定消费者的知识水平，以 Chiousetal（2002）的研究为基础，选择了适合本书的测量指标，即"我和其他人相比，对 PB 产品的相关知识了解得相当多""我比其他人更了解如何购买 PB 产品""我平时也知道如何购买 PB 产品""我平时也了解很多关于 PB 产品的信息"4 个测量指标。本书将消费者的知识水平分成高、低群体，将测定的分数合计，以平均值为标准，如果高于平均值就分为高群体，低于平均值就分为低群体。

第四节　研究方法

一、资料的收集和调查对象

在本书中，作为调查对象的问卷调查标本，针对最近 3 个月内使用过 1 次以上全国主要大型超市和购买过该产品的消费者，使用了非概率性抽样方法中的单纯随机抽样方法，总共发放了 400 份问卷。2017 年 7 月 3—29 日，经过近一个月的问卷调查，共回收 380 份问卷，对回收的问卷从分析对象中去除有极端值的问卷和不认真回答的问卷，最终用于统计分析的问卷有 364 份。

二、分析方法

在本书中，利用 SPSS23.0 和 AMOS22.0 统计分析软件对所收集的资料进行了统计分析。分析方法是，为掌握问卷调查对象的人口统计学特点，实施了频率分析，为验证测定项目的妥当性和可靠性，用探索性因素分析、验证性因素分析和 Cronbach'sa l 系数分析等分析方法进行了验证。为了验证假说及研究模型，掌握研究模型适合度和各要素之间因果关系的路径系数，实施了结构方程模型。最后，为了验证调节效果，首先根据集团的分类进行多重回归分析，然后为了确定同一群体内回归系数之间的差异，实施以下检验公式：

$$T = \frac{\beta1 - \beta2}{\sqrt{(se\beta1^2) + (se\beta2^2) - 2COV(X1, X2)}}$$

*β1，β2：各个自变量 1 和自变量 2 的回归系数。

*se（1），se（2）：各个自变量 1 和自变量 2 的标准误差。

*COV（X1，X2）：两个变量的协方差值。

三、样本的人口统计学特性

　　为了研究分析对象的样本群体，对 364 人进行人口统计学分析的结果显示，男性人口统计学特征为 160 人（44%），女性为 204 人（56%），女性多于男性。从年龄段来看，20 岁以下的有 5 人（1.4%），21～30 岁的有 176 人（48.4%），31～40 岁的有 120 人（33%），41～50 岁的有 8 人（2.2%），50 岁以上的有 55 人（15.1%），21～30 岁和 31～40 岁的人数最多，其次是 50 岁以上的，41～50 岁和 20 岁以下的。职位方面，学生 264 人（72.5%），其中硕士，博士研究生也包括在内，上班族 52 人（14.3%），个体户 39 人（10.7%），家庭主妇 1 人（0.3%），公务员 8 人（2.2%），学生最多，其次是上班族，个体营业者，公务员和主妇。年平均收入在 10 000 元以下的 216 人（59.3%），10 000～20 000 元的 69 人（19%），20 000～30 000 元的 45 人（12.4%），30 000～40 000 元的 30 人（8.2%），40 000 元以上的只有 4 人（1.1%）。其中，年平均收入在 10 000 元以下的人数最多，其次是 10 000～20 000 元，20 000～30 000 元，30 000～40 000 元，40 000 元以上的人数最少。关于样本的人口统计学特点的分析结果如表 4-1 所示。

表 4-1　人口的统计学特征

区分	频度数		比率（%）
性别	男	160	44.0
	女	204	56.0
年龄段	20 岁以下	5	1.4
	21～30 岁	176	48.4
	31～40 岁	120	33.0
	41～50 岁	8	2.2
	50 岁以上	55	15.1

续表

区分	频度数	比率（%）	
职位	学生	264	72.5
	上班族	52	14.3
	个体户	39	10.7
	家庭主妇	1	0.3
	公务员	8	2.2
年平均收入	10000元以下	216	59.3
	10000～20000元	69	19.0
	20000～30000元	45	12.4
	30000～40000元	30	8.2
	40000元以上	4	1.1
合计		364	100

第五章　实证分析

第一节　测量变数的信度与效度分析

一、信度分析

信度分析又称为可靠度和可信度分析。所谓可靠性（reliability）是指对同一对象使用可以比较的测量工具，在反复测量的情况下，定义为能够取得相同或相似结果的程度。可靠性的分析有多种方法（蔡瑞一，1990）。与反复的非系统性误差有关的概念，对同一构成概念进行反复测量时，可表现为测量值的分散程度。用于信赖性分析的分析方法有平行检验法（the parallel from method）、检验 - 再检验法（test - retest）、多种检验法（alternative - form reliability）、半分检验法（split half relia-bility）、内在一贯性检验法（internal consistency method）等分析方法。本书利用通常使用的数理模型来鉴定内在连贯性的 Cronbach's Alpha 系数来检验测量指标和构成概念的信度。在依据整体项目和构成概念考虑内在连贯性的方法中，普遍使用的是通过 Cronbach's Alpha 系数和 AMOS 软件里的验证性因子分析中的构成概念信度 CR 值来进行内在一贯性的检验。如果研究中的 Cronbach's Alpha 系数和概念信赖度 CR 值都在 0.6 或 0.7 以上，那么大体上可以判断测量指标为信赖度较高的尺度。

二、效度分析

效度又被定义为妥当性。妥当性是指是否正确地测定了想要测量的概念或属性。妥当性一般包括内容妥当性、结构概念妥当性、标准妥当性、表面妥当性、增加妥当性、收敛性判别妥当性和综合妥当性 7 种，一般在研究中常用的是内容妥当性（content validity）、结构概念妥当性（construct validity）和标准妥当性（criterion related validity）3 种效度分析方法。内容妥当性是测量工具本身是否能够正确测定想要测量的概念或属性，是根据主观判断和意见进行评价的，对想要测定的属性或概念进行操作性定义后来进行测定。本书中的内容妥当性是以现有的多种先行研究为基础，以共同的内容为中心重新构成的，因此可以说确保了内容妥当性。结构概念妥当性是指评价和判断用于概念组织化的测量工具，在多大程度上准确地说明研究的理论框架中提出的理论概念的过程，主要是采用探索性因子分析和验证性因子分析。结构概念妥当性可分为集中妥当性（convergent validity）和判别妥当性（discriminant validity）。集中妥当性是指在用两种方法测定同一概念时，评价两种测定值的关系程度。在 Churchill（1999）的研究中指出，集中妥当性需要测定同一构成概念的不同的测定指标之间的相互关系是测量集中效度的基本条件。Fornell 和 Larker（1981）认为，提取的分散价格对内容妥当性和集中妥当性鉴定而言，是更为严格的审定方法。可以说，有两种常用的方法可以鉴定集中妥当性。第一，可以通过各构成概念和测量指标之间的路径系数——因素载荷量的大小和显著性来进行验证。第二，构成概念信任度 CR 值和平均分散抽样值 AVE 值均高于 0.7 和 0.5，才算具有集中合理性。判别效度又称判别妥当性，判别妥当性是指在概念上两个类似概念有着明显区别的程度，有很多方法来验证判别效度。第一，表示构成概念之间相关关系的 φ 系数的信赖区间（φ±2.58SE）是否包括 1.0（或 -1.0），如果不包括 1，组成概念就不能看作是相同的，所以可以说能够判别妥当性。第二，如果将各构成概念的分散值全部固定为 1，然后推测母数，那么各构成概念之间的协方差就可以解释为相关系数，此时计算出估算出来的相关系数的可靠性区间，如果该区间不包含 1，则可以说变数之间具有判别性。第三，将作为判别妥当性评价对象的两个概念的分散抽样值 AVE 和这两个概念之间的相关系数的平方进行比较，如果两个概念的分散抽样值 AVE 都远远大于相关系数的平方值，就可以证明两个概念之间具有判别效度（李学植，林志勋，2008）。在本书中，为了研究的严谨性试图用更严格的第三种方法来鉴定判别妥当性。

三、产品选择性因素的信度与效度分析

本书中为了检验指标的效度，使用了探索性因素分析。探索性因素分析是以一系列观测变数为基础，为确认未能直接观测到的构成概念因素，将众多变数捆绑成数量较少的几种因素和构成概念，以简化其内容为目的的分析方法。所有观测变数都利用了主成分分析法（principle component analysis）来提取组成概念。探索性因素分析中，为了因子载荷量的简单化，本书使用了直角旋转方式 Varimax 方法进行了分析。信赖度是为了确认测量指标是否具有内在一贯性，以克朗巴哈 α（Cronbach's α）系数的信赖度衡量值来进行判断。一般来说，如果 Cronbach's α 的值通过了 0.6 以上的标准值，就可以说可信度达到了令人满意的水平（成道京，李焕范，李秀昌，张哲英，崔仁奎，2011）。这里所说的"累计%分散"是指在排除妨碍因素妥当性的测定项目后累计的"分散的%"值，是指在总分散中对因素说明的变数的分散比率。一般来说，如果累积的"分散的%"值达到变数总分散的 60% 以上，则可以解释为因素分析是非常适合的。

对于产品的选择性因素、探索性因素分析的结果是，固有值在 1.0 以上被提取的因素分别为熟悉性、感知的价格、店铺形象和感知质量，提取了与先行研究相同的四个因素，每个测量指标的因子载荷量都在 0.6 以上，可以判断出指标是具有效度的。反复进行探索性因素分析，逐一剔除要素积载值低于 0.5 或两个以上因素积载值在 0.4 以上的测量指标。经过这样的反复分析删减过程，因要素价值低而降低妥当性和信赖性或与其他要素表现出高度关系的熟悉性 1 个、感知质量 1 个、店铺形象 1 个、感知价格 1 个项目被去除，剩余的变量利用 Cronbach's α 的分析结果。信赖度方面，亲和性为 0.846，感知价格为 0.825，店铺形象为 0.826，感知质量为 0.832，均高于 0.6，显示出指标与因素之间高度的内在一致性，可以判断出其具有高度的可信度。产品选择性因素的信度与效度分析如表 5 - 1 所示。

表 5-1 产品选择性因素的信度与效度分析

	因子				
	1	2	3	4	Cronbach's α
熟悉性 1	0.885				
熟悉性 3	0.832				0.846
熟悉性 2	0.796				
感知价格 2		0.837			
感知价格 4		0.785			0.825
感知价格 1		0.744			
店铺形象 2			0.802		
店铺形象 3			0.749		0.826
店铺形象 1			0.738		
感知品质 3				0.757	
感知品质 1				0.750	0.832
感知品质 2				0.636	
固有值	2.479	2.427	2.363	1.996	
%方差	20.810	20.221	19.639	16.632	
累计%方差	20.810	41.031	60.724	77.356	

四、感知价值的信度与效度分析

对于感知价值的探索性因素分析结果显示，与先行研究相同，提取固有价值为 1.0 以上的因素分别为经济价值和感性价值 2 个因素，可以判断出，各因素的因子载荷值均在 0.6 以上，因子和测量指标都具有效度。为了验证变数的信赖度，用 Cronbach's α 系数值来验证信任度。信赖度方面，经济价值为 0.841，感性价值为 0.881，均高于 0.6，显示高度的内在连贯性，可判断为具有非常高的可信度。感知价值的信度与效度分析如表 5-2 所示。

表 5 - 2　感知价值的信度与效度分析

	因子		
	1	2	Cronbach's α
经济价值 3	0.874		0.841
经济价值 1	0.828		
经济价值 4	0.813		
经济价值 2	0.780		
感性价值 3		0.895	0.881
感性价值 1		0.859	
感性价值 4		0.856	
感性价值 2		0.826	
固有值	3.300	2.554	
%方差	41.252	31.923	
累计%方差	41.252	73.176	

五、购买意图、关于度、知识水平、价格敏感性的信度与效度分析

对购买意图、关于程度、知识水平和价格敏感性的探索性因素分析结果显示，固有价格在 1.0 以上，提取的因素为购买意图、干预程度、知识水平和价格敏感性 4 个因素，提取出的因素与先行研究相同。各因素的因子载荷值都在 0.6 以上，所以可以判断其具有效度。反复进行探索性因素分析，逐一剔除因子载荷值低于 0.5 或横跨于两个以上因子，并且因子载荷值在 0.4 以上的测量指标。经过这些过程，剔除了因子载荷值低而且降低妥当性和信赖性或与其他因素存在较高关系的价格敏感性的 2 个测量指标。剩余的变数，利用 Cronbach's α 系数的可信度进行了分析。信赖度方面，购买意图为 0.902，知识水平为 0.779，价格敏感性为 0.795，关于度为 0.787，均高于 0.6，显示出较高的内在一致性，所以可判断其具有非常高的可信度。购买意图、关于度、知识水

平、价格敏感性的信度与效度分析如表 5 - 3 所示。

表 5 - 3　购买意图、关于度、知识水平、价格敏感性的信度与效度分析

	因子				
	1	2	3	4	Cronbach's α
购买意图 4	0.909				
购买意图 3	0.837				902
购买意图 2	0.830				
购买意图 1	0.825				
知识水平 4		0.840			
知识水平 1		0.833			779
知识水平 2		0.668			
知识水平 3		0.598			
价格敏感性 6			0.861		
价格敏感性 5			0.824		795
价格敏感性 2			0.728		
价格敏感性 1			0.546		
关于度 1				0.851	
关于度 3				0.785	787
关于度 4				0.750	
关于度 2				0.733	
固有值	4.877	3.012	2.588	2.318	
% 方差	27.095	16.736	14.381	12.879	
累计% 方差	27.095	43.830	58.211	71.090	

　　另外，所有的测量项目是否被捆绑为一个因素，根据是否与其他概念的测定项目分开来评价构成妥当度的因子载荷值（factorloading）均在 0.5 以上，在变数的总分散中，如果所有要素说明的分散比率的累计分散率占总分散率的 60% 以上，就可以评价探索性要素分析结果

是合适的。

六、验证性因子分析

在本书中，以探索性因素分析以及利用 Cronbach's α 系数的可信度分析结果为基础，进行了更加严格的妥当性验证，使用 Amos22.0 统计分析软件进行了验证性因素分析（confirmatory factor analysis）。验证性因素分析比探索性因素分析方法更适合再次审定先行的理论，可结合在单一层次性中已确认的因素来研究审定模型的适合度（宋志俊，2012）。

验证性因素分析（confirmator factor analysis）是对各观测变数的集中妥当性和潜在变数的集中妥当性及判别妥当性验证的阶段。集中妥当性表示每个测量变量能说明多少潜在变量，判别妥当性则准确地测定潜在变量所要测定的构成概念，而且测定其他概念的工具在某种程度上有很大不同。以第 1 次决定的测定变数为对象，构成最初测定模型后，为了观察潜在变数和测定变数之间的关系，实施了潜在变数之间没有因果关系的分析，在潜在变数之间仅存在相关关系的基础上进行了验证性因素分析，如表 5 - 4 所示。

本研究对研究单位和研究模型的验证性因素分析的结果如表 5 - 4 所示。为了判断测量模型的整体适合度，使用了 χ^2、RMSEA、NFI、CFI、GFI、AGFI、RMR 等适合度指数。适合度指数的适合标准是对 χ^2 的 $p \geqslant 0.5$，RMSEA < 0.05，NFI $\geqslant 0.9$，CFI $\geqslant 0.9$，GFI $\geqslant 0.9$，AGFI $\geqslant 0.8$，RMR < 0.05 才算适合（韩如静，2011；洪世熙，2000）。验证结果是 $\chi^2 = 810.095$，RMSEA $= 0.057$，NFI $= 0.908$，CFI $= 0.921$，GFI $= 0.91$，AGFI $= 0.865$，RMR $= 0.035$，适合度指数都非常符合适合度标准，所以研究模型非常符合所收集的样本数据资料。因此，在将构成本书测量模型的所有潜在变量应用于研究模型方面，这些变量符合构成概念的可行性。

表 5 - 4 验证性因素分析

潜在变数	测量变数	非标准化系数	SE	CR	标准化系数	CR	AVE
熟悉性	熟悉性 1	1			0.705	0.844	0.645
	熟悉性 2	1.384	0.101	13.76	0.856		
	熟悉性 3	1.42	0.105	13.585	0.840		
感知质量	质量 1	1			0.801	0.833	0.624
	质量 2	0.979	0.061	16.004	0.813		
	质量 3	0.822	0.056	14.566	0.755		
店铺形象	形象 1	1			0.744	0.846	0.647
	形象 2	1.109	0.069	16.027	0.883		
	形象 3	0.917	0.065	14.07	0.780		
感知价格	价格 1	1			0.684	0.835	0.629
	价格 2	1.525	0.116	13.136	0.820		
	价格 4	1.425	0.104	13.713	0.865		
经济价值	价值 1	1			0.730	0.842	0.572
	价值 2	0.999	0.077	12.9	0.679		
	价值 3	1.062	0.071	15.007	0.782		
	价值 4	1.15	0.072	15.891	0.825		
感性价值	价值 1	1			0.820	0.883	0.645
	价值 2	0.987	0.057	17.38	0.808		
	价值 3	1.141	0.062	18.484	0.842		
	价值 4	1.089	0.068	15.99	0.763		
购买意图	意图 1	1			0.842	0.904	0.702
	意图 2	1.038	0.057	18.175	0.817		
	意图 3	0.917	0.052	17.719	0.804		
	意图 4	1.165	0.056	20.854	0.886		

续表

潜在变数	测量变数	非标准化系数	SE	CR	标准化系数	CR	AVE
关于度	关于度1	1			0.731	0.779	0.572
	关于度2	1.02	0.069	14.843	0.777		
	关于度3	0.79	0.067	11.822	0.627		
	关于度4	0.751	0.067	11.2	0.596		
知识水平	知识1	1			0.667	0.765	0.554
	知识2	1.225	0.11	11.124	0.758		
	知识3	1.218	0.113	10.758	0.724		
	知识4	0.764	0.094	8.135	0.520		
价格敏感度	敏感度1	1			0.668	0.793	0.593
	敏感度2	1.26	0.1	12.654	0.840		
	敏感度3	0.811	0.087	9.356	0.584		
	敏感度4	1.032	0.095	10.869	0.693		
$\chi^2 = 810.095.$ RMSEA $= 0.057$，NFI $= 0.908$，CFI $= 0.921$，GFI $= 0.91$，AGFI $= 0.865$，RMR $= 0.035$							

　　为了验证本书的集中妥当性，需要在统计结果中注意测量变数和潜在变数之间的路径系数标准化因素积载值是否在0.6以上，构成概念信赖度 CR 值和平均分散抽样值 AVE 分别达到0.7和0.5以上，这样才能判断构成概念和测量指标之间存在着集中妥当性。如表5－4所示，标准化因素装载量在0.6以上，在统计上是有显著性的，CR 值大于0.7，AVE 值大于0.5，所以可以判断其是具有集中妥当性的。为了鉴定判别妥当性，本书试图使用更严格的方法——将两个概念的平均变异萃取量（AVE）与这两个概念之间的相关系数的平方进行比较。所有相关系数的平方值都小于各概念的平均变异萃取量，因此可以确认概念之间的判别有其合理性。概念间的判别效度如表5－5所示。

表 5 - 5 概念间的判别效度

概念	熟悉性	感知质量	感知价格	店铺形象	经济价值	感性价值	购买意图	关于度	知识水平	价格敏感性
熟悉性	0.645									
感知质量	0.364	0.624								
感知价格	0.070	0.303	0.629							
店铺形象	0.094	0.381	0.429	0.647						
经济价值	0.073	0.385	0.524	0.484	0.572					
感性价值	0.103	0.454	0.529	0.527	0.466	0.645				
购买意图	0.087	0.302	0.501	0.504	0.456	0.458	0.702			
关于度	0.176	0.375	0.527	0.372	0.476	0.468	0.542	0.572		
知识水平	0.174	0.164	0.104	0.145	0.139	0.09	0.156	0.276	0.554	
价格敏感性	0.102	0.326	0.285	0.167	0.430	0.221	0.183	0.403	0.158	0.593

*对角线是平均变异萃取量，表中的是相关系数的平方值。

第二节 相关分析

为分析本书中要研究的变数之间的相关关系，实施了要素间的相关分析。相关关系分析是因果关系鉴定方法回归分析及结构方程模型实施之前采用的重要分析方法，是研究中设定的可预测假设因果关系的先行资料，具有十分重要的意义。在相关关系分析中，为了了解变数之间的关联性，使用了 Person 相关系数。Person 相关系数从 - 1 到 + 1 不等的值，关系符号意味着变量之间关系的方向性；或者可以说，相关系数的绝对值代表了变量之间关系的大小，绝对值越大，就意味着变数之间关联性越高。

一般来说，相关系数的值为 ±0.7 ~ ±1.0 时，可以称为非常高的关联性；系数值为 ±0.4 ~ ±0.7 时，则属于比较高的关联性；系数值

为 ±0.2 ~ ±0.4 时，则具有一般水平的关联性，在 0 ~ ±0.2 的情况下，可以解释为具有非常低水平的关系。所有变量的相关系数在 0.01 的显著性水平下有着统计学意义，即所有的变量之间都有着显著性的相关关系。变量间的相关关系分析如表 5 - 6 所示。

表 5 - 6　变量间的相关关系分析

变量	熟悉性	感知质量	感知价格	店铺形象	经济价值	感性价值	购买意图	关于度	知识水平	价格敏感性
熟悉性	1									
感知质量	0.604 **	1								
感知价格	0.265 **	0.551 **	1							
店铺形象	0.370 **	0.618 **	0.655 **	1						
经济价值	0.271 **	0.621 **	0.724 **	0.696 **	1					
感性价值	0.322 **	0.647 **	0.722 **	0.729 **	0.813 **	1				
购买意图	0.296 **	0.550 **	0.708 **	0.735 **	0.823 **	0.810 **	1			
关于度	0.420 **	0.631 **	0.726 **	0.610 **	0.843 **	0.747 **	0.750 **	1		
知识水平	0.418 **	0.405 **	0.323 **	0.381 **	0.374 **	0.314 **	0.396 **	0.526 **	1	
价格敏感性	0.319 **	0.571 **	0.409 **	0.409 **	0.656 **	0.471 **	0.428 **	0.635 **	0.398 **	1

** $p < 0.01$。

第三节　研究假设的检验

一、假设检验

在本书中，为了对理论结构模型潜在变数的构成概念进行信度和效度的分析，实施了探索性因素分析和验证性因素分析。以这些分析结果为基础，为了研究模型的适合度和检验变数之间所设定的假说，实施了结构方程模型分析。检验结果，研究模型的适合度指数为 $\chi^2 = 915.176$，RMSEA = 0.058，NFI = 0.895，CFI = 0.927，GFI = 0.901，AGFI = 0.892，RMR = 0.028，可以看出，研究模型的适合度指数都非常符合适合度的标准。因此，本书的研究模型适合作为潜在变量之间因果关系的假设鉴定的研究模型。本研究假说检验的结果如表5-7所示。

表5-7 研究假说检验结果

路径			非标准化系数	SE	标准化系数	CR	P
经济价值	<---	熟悉	0.178	0.074	0.177	2.405	0.033
经济价值	<---	质量	0.359	0.083	0.184	4.325	0.000
经济价值	<---	形象	0.334	0.072	0.378	4.616	0.000
经济价值	<---	价格	0.587	0.093	0.487	6.283	0.000
感性价值	<---	熟悉	0.311	0.073	0.269	4.26	0.000
感性价值	<---	质量	0.254	0.093	0.196	2.731	0.028
感性价值	<---	形象	0.541	0.077	0.539	7.038	0.000
感性价值	<---	价格	0.625	0.093	0.456	6.749	0.000
购买意图	<---	经济	0.879	0.139	0.788	6.342	0.000
购买意图	<---	感性	0.173	0.071	0.176	2.436	0.031

$\chi^2 = 915.176$，RMSEA $= 0.058$，NFI $= 0.895$，CFI $= 0.927$，GFI $= 0.901$，AGFI $= 0.892$，RMR $= 0.028$

在熟悉性对经济价值的影响中，标准化系数为0.177，CR值（t值）为2.405，概率p值为0.033，比0.05要小，在0.05的显著性水平下有着显著的统计学意义，即得出了熟悉性对经济价值产生正（＋）影响的结果，最终假设1-1被采纳。这与先行研究Alba和Hutchinson（1987），Bettma（1974），Richardson、Dick和Jain（1994）的研究结果相一致，消费者对产品的熟悉性会提高消费者对产品的感知经济价值。在熟悉性对感性价值的影响中，标准化系数为0.269，CR值（t值）为4.26，概率p值为0.000，比0.01要小，在0.01的显著性水平下有着显著的统计学意义，即得出了熟悉性对感性价值产生正（＋）影响的结果，最终假设1-2被采纳。这与Gremler（2001）、Vaidyanathan和

Aggarwal（2000）等先行研究的研究结果相同，消费者对产品的熟悉性会提高消费者对产品的感知感性价值。

在感知质量对经济价值的影响中，标准化系数为0.184，CR值（t值）为4.325，概率p值为0.000，低于显著性水平0.01，所以有着显著的统计学意义，即感知质量对经济价值产生了正（＋）的影响力，最终假设2-1被采纳。这与刘永镇（2007）、河东贤（2007）、Dodds等（1991）、吴在信（2006）、Shhiha（2000）等很多先行研究的结果一样，消费者对产品的感知质量越高，其所感知的经济价值就越高。在感知的质量对感性价值的影响中，标准化系数为0.196，CR值（t值）为2.731，因概率p值为0.028，低于显著性水平0.05，所以具有显著的统计学意义，即感知质量对感性价值产生了正（＋）的影响力，最终假设2-2被采纳。这与Dodds等（1991）、吴在新（2006）、Shiha等（2000）很多先行研究的结果一样，消费者对产品的感知质量越高，其感知的感性价值就越高。

在店铺形象对经济价值的影响中，标准化系数为0.378，CR值（t值）为4.416，概率p值为0.000，低于显著性水平0.01，所以具有显著的统计学意义，即店铺形象对经济价值产生了正（＋）的影响力，最终假设3-1被采纳。在店铺形象对感性价值的影响中，标准化系数为0.539，CR值（t值）为7.038，概率p值为0.000，低于显著性水平0.01，所以具有显著的统计学意义，即店铺形象对感性价值产生了正（＋）的影响力，最终假设3-2被采纳。这与Dodds和Grewall（1991），高在韵（2011），Smith、Andrew和Blevins（1992），朴东郡（2003），徐日泉（2003）等很多先行研究的结果一致，研究结果表明，如果消费者对销售产品的店铺形象有好感，就对其感知的价值——经济价值和感性价值都会产生积极的影响。在感知的价格对经济价值的影响中，标准化系数为0.487，CR值（t值）为6.283，概率p值为0.000，低于显著性水平0.01，所以具有显著的统计学意义，即感知价格对经济价值产生了正（＋）的影响力，最终假设4-1被采纳。在感知价格对感性价值的影响中，标准化系数为 0.456，CR 值（t 值）为 6.749，概率 p 值为 0.000，低于显著性水平 0.01，所以具有显著的统计学意义，即感知价格对感性价值产生了正（＋）的影响力，最终假设 4－2 被采纳。这与 Grewal、Krishnan 和 Borin（1998），Changa 和 Wildt（1994），Monroe 和 Krishnan（1985）等很多先行研究的结果一致，研究结果表明，消费者如果对产品的价格感到合适，其感知价值就会提高。

在感知价值对购买意图的影响中，标准化系数为 0.788，CR 值（t 值）为 6.342，因概率水平 p 值等于 0.000，低于显著性水平 0.01，所以具有显著的统计学意义，即消费者感知到的经济性价值会对消费者自身的购买意图产生正（＋）的影响力，最终假设 5－1 被采纳。这与卢英来（2009）、Baker（2002）等学者的先行研究一样，消费者对产品感知的经济价值会对购买意图产生正（＋）的影响的研究结果一致。在感知的感性价值对购买意图的影响中，标准化回归系数值为 0.176，CR 值（t 值）为 2.436，概率水平 p 值为 0.031，小于显著性水平 0.05，因此在统计上具有统计学意义，即消费者感知到的感性价值会对消费者自身的购买意图产生正（＋）的影响力，最终假设 5－2 被采纳。这与 Darsono 和 Junaedi（2006），李熙淑、林淑子（2000），卢英来（2009），Baker（2002）等学者的先行研究一样，消费者对产品感知到的感性价值会对其购买意图产生正（＋）的影响的研究结果一致。

二、关于度的调节效果检验

为了检验产品选择性因素在影响感知价值——经济价值和感性价值的过程中，关于度是否产生调节效果，先以关于度的平均值为标准，将关于度群体分为高关于度群体和低关于度群体。在 364 人中，属于低关于度群体的有 187 人，属于高关于度群体的有 177 人。然后，对各群体进行单独的多重回归分析，以验证各群体内部产品选择性因素是否对感知的经济价值及感知的感性价值产生影响的回归系数存在显著的差异，验证群体内部的回归系数是否存在差异的分析方法是 AsymptoticT－

Test。可以说，AsymptoticT – Test 是一种有效的分析方法，旨在鉴定同一群体内回归系数之间的差异。

对关于度的调整效果的分析结果，如表 5 – 8 至表 5 – 11 所示。

表 5 – 8 以高关于度群体为对象，展示了产品选择因素与感知的经济价值之间的多重回归分析结果。因为公差大于 0.1，VIF 值小于 10，所以确认自变量之间不存在多重共线性。熟悉性的回归系数为 0.071，概率 p 值为 0.346，比显著性水平 0.05 要大，所以在统计学上没有意义，即熟悉性对经济价值不产生影响。数据显示，感知的质量回归系数为 0.457，感知价格回归系数为 0.319，店铺形象回归系数为 0.307。为了验证假设 6 – 1，实施了 AsymptoticT – Test，以验证感知质量和感知价格，感知质量和店铺形象之间的回归系数之间的差异。分析结果显示，感知的质量和感知价格之间的 t 值为 2.271（p = 0.023），感知质量和店铺形象之间的 t 值为 2.286（p = 0.022），p 值都在 0.05 的显著性水平下有着统计学意义，所以假说 6 – 1 被采纳，即对关于度较高的消费者来说，感知质量对经济价值的影响比感知价格、店铺形象更大。高关于度群体的产品选择性要因与经济价值间的回归分析结果，如表 5 – 8 所示。

表 5 – 8　高关于度群体的产品选择性要因与经济价值间的回归分析结果

模型	非标准化系数		标准化系数	t	p	共线性统计量	
	B	标准误差	β			公差	VIF
常数	1.587	0.163		9.726	0.000		
熟悉性	0.038	0.040	0.071	0.946	0.346	0.448	2.230
质量	0.306	0.048	0.457	6.375	0.000	0.374	2.674
价格	0.230	0.044	0.319	5.196	0.000	0.676	1.479
店铺形象	0.215	0.051	0.307	4.185	0.000	0.473	2.112
R2 = 0.605，修正 R2 = 0.595，F = 59.400，p = 0.000							

表 5 – 9 以低关于度群体为研究对象，展示了产品选择性要因与感

知经济价值之间的多重回归分析结果。因为公差大于 0.1，VIF 值小于 10，所以确认了自变量之间不存在多重共线性。熟悉性的回归系数为 0.002，显著性概率 p 值为 0.973，在统计学上没有意义。数据显示，感知质量的回归系数为 0.211，感知价格的回归系数为 0.546，店铺形象的回归系数为 0.246。为了检验假说 6 - 2，验证感知价格和感知质量，感知价格和店铺形象之间的回归系数的差异，实施了 AsymptoticT - Test。分析结果显示，感知价格和感知质量之间的 t 值为 2.631（p = 0.008），感知价格和店铺形象之间的 t 值为 2.50（p = 0.012），全部在 5% 的显著性水平之下，具有统计学意义。因此，假设 6 - 2 被采纳。也就是说，对于关于度较低的消费者来说，感知价格对经济价值的影响力比感知质量、店铺形象的影响力更大。也就是说，关于度较低的消费者比较重视价格的影响力。低关于度群体的产品选择性要因与经济价值间的回归分析结果，如表 5 - 9 所示。

表 5 - 9　低关于度群体的产品选择性要因与经济价值间的回归分析结果

模型	非标准化系数		标准化系数	t	p	共线性统计量	
	B	标准误差	β			公差	VIF
常数	1.130	0.304		3.713	0.000		
熟悉性	0.002	0.051	0.002	0.034	0.973	0.898	1.113
质量	0.277	0.096	0.211	2.898	0.004	0.671	1.490
价格	0.373	0.058	0.546	6.575	0.000	0.506	1.970
店铺形象	0.273	0.057	0.246	4.789	0.000	0.515	1.940
$R^2 = 0.435$，修正 $R^2 = 0.420$，$F = 39.400$，$p = 0.000$							

表 5 - 10 以高关于度群体为研究对象，展示了产品选择性要因对感知的感性价值间的多重回归分析结果。因为公差大于 0.1，VIF 值小于 10，所以确认自变量之间不存在多重共线性。熟悉性的回归系数是 0.117，显著性概率 p 值是 0.053，在 5% 的显著性水平之下，不存在统计学意义。数据显示，感知质量的回归系数为 0.241，感知价格的回归系数为 0.217，

店铺形象的回归系数为 0.620。为了验证假设 6 - 3，实施了 AsymptoticT - Test，以验证店铺形象和感知质量、店铺形象和感知价格之间的回归系数的差异。分析结果显示，店铺形象和感知质量之间的 t 值为 2.654（p = 0.008），店铺形象和感知价格之间的 t 值为 2.669（p = 0.008），均在 5% 的显著性水平下，有着统计学意义。因此，假设 6 - 3 被采纳。也就是说，对于关于度较高的消费者来说，店铺形象对感性价值的影响力要比感知质量、感知价格更大。也就是说，对于关于度较高的消费者来说，在感性价值方面，对于店铺形象会更重视。高关于度群体的产品选择性要因与感性价值间的回归分析结果，如表 5 - 10 所示。

表 5 - 10　高关于度群体的产品选择性要因与感性价值间的回归分析结果

模型	非标准化系数		标准化系数	t	p	共线性统计量	
	B	标准误差	β			公差	VIF
常数	0.562	0.169		3.328	0.001		
熟悉性	0.082	0.042	0.117	1.946	0.053	0.448	2.230
质量	0.231	0.049	0.241	4.712	0.000	0.374	2.674
价格	0.202	0.046	0.217	4.410	0.000	0.676	1.479
店铺形象	0.562	0.053	0.620	10.559	0.000	0.473	2.112
R2 = 0.745，修正 R2 = 0.740，F = 114.365，p = 0.000							

表 5 - 11 以低关于度群体为对象，展示了产品选择性要因与感知到的感性价值之间的多重回归分析结果。因为公差大于 0.1，VIF 值小于 10，所以确认自变量之间不存在多重共线性。分析结果为熟悉性的回归系数为 0.402，感知质量的回归系数为 0.215，感知价格的回归系数为 0.150，店铺形象的回归系数为 0.296。为了验证假设 6 - 4，实施了熟悉性和感知质量，熟悉性和感知价格，熟悉性和店铺形象之间的回归系数差异的鉴定分析方法 AsymptoticT - Test。分析结果显示，熟悉性和感知质量之间的 t 值为 2.299（p = 0.022），熟悉性和感知价格之间的 t 值为 2.622（p = 0.009），熟悉性和店铺形象之间的值为 2.002，所有差异

都在5%的显著性水平下，具有统计学的意义。因此，假设6-4被采纳。也就是说，对于关于度低的消费者来说，熟悉性对感性价值的影响力比感知质量、感知价格和店铺形象都要大，即关于度低的消费者，在引起感性价值方面，熟悉性是最重要的因素。低关于度群体的产品选择性要因与感性价值间的回归分析结果，如表5-11所示。

表5-11 低关于度群体的产品选择性要因与感性价值间的回归分析结果

模型	非标准化系数		标准化系数	t	p	共线性统计量	
	B	标准误差	β			公差	VIF
常数	0.472	0.272		1.735	0.085		
熟悉性	0.434	0.075	0.402	5.794	0.000	0.898	1.113
质量	0.316	0.085	0.215	3.679	0.000	0.671	1.490
价格	0.136	0.046	0.150	4.423	0.003	0.676	1.979
店铺形象	0.233	0.051	0.296	9.523	0.000	0.506	2.112
$R2 = 0.638$，修正 $R2 = 0.628$，$F = 69.365$，$p = 0.000$							

三、知识水平的调节效果检验

为了分析产品选择性因素在感知价值——经济价值和感性价值影响过程中，知识水平是否具有调节效果，先以知识水平的平均水平为标准，将知识水平群体分为知识水平较高的群体和知识水平较低的群体。在364人中，属于知识水平较低的群体的有174人，属于知识水平较高的群体的有190人。对各群体实施单独的多重回归分析，为了验证产品选择性因素在各个群体内对感知的经济价值及感知的感性价值产生影响的回归系数的大小是否存在显著的差异，实施了AsymptoticT-Test。

关于知识水平的调节效果的分析结果，如表5-12至表5-15所示。

表5-12是针对知识水平较高的群体集团来进行分析的，展示了产品选择性因素与感知经济价值之间的多重回归分析结果。因为公差大于0.1，VIF值小于10，所以模型中的自变量之间不存在多重共线性。熟

悉性的回归系数为0.077，显著性概率p值为0.160，在统计学上不具有任何意义。分析结果显示，感知质量的回归系数为0.496，感知价格的回归系数为0.377，店铺形象的回归系数为0.115，显著性概率p值为0.081，在5%显著性水平下，不具有统计学意义。为了验证假设7-1，实施了AsymptoticT-Test，以检验感知质量和感知价格之间的回归系数是否存在差异。分析结果显示，感知质量和感知价格之间的t值为2.221（p=0.026），在5%的显著性水平下，具有统计学意义。因此，假设7-1被采纳。也就是说，对于知识水平较高的消费者来说，感知质量对经济价值的影响比其他选择性因素要大，即对于知识水平较高的消费者来说，在经济感知方面，质量是最重要的因素。高知识水平的群体的产品选择性要因与经济价值间的回归分析结果，如表5-12所示。

表5-12 高知识水平的群体的产品选择性要因与经济价值间的回归分析结果

模型	非标准化系数		标准化系数	t	p	共线性统计量	
	B	标准误差	β			公差	VIF
常数	0.476	0.214		2.223	0.028		
熟悉性	0.060	0.042	0.077	1.411	0.160	0.680	1.471
质量	0.506	0.057	0.496	8.855	0.000	0.412	2.490
价格	0.321	0.060	0.377	5.393	0.000	0.641	1.561
店铺形象	0.107	0.061	0.115	1.523	0.081	0.472	2.119
$R^2 = 0.664$，修正 $R^2 = 0.656$，$F = 82.471$，$p = 0.000$							

表5-13以知识水平较低的群体为研究对象，展示了产品选择性因素与感知到的经济价值之间的多重回归分析结果。公差大于0.1，VIF值小于10，所以模型中自变量之间不存在多重共线性。分析结果为熟悉性的回归系数为0.232，感知质量的回归系数为0.121，显著性概率p值为0.148，在统计学上不具有统计学意义。数据显示，感知价格的回归系数为0.657，店铺形象的回归系数为0.551。为了验证假设7-2，为了验证感知价格和熟悉性、感知价格和店铺形象之间的回归系数的差

异是否具有统计学意义，实施了 AsymptoticT – Test。分析结果显示，感知价格和熟悉性之间的 t 值为 3.109（p = 0.002），感知价格和店铺形象之间的 t 值为 2.043（p = 0.041），全部在 5% 的显著性水平下，有着统计学的意义。因此，假设 7 – 2 被采纳。也就是说，知识水平较低的消费者所感知到的价格对经济价值的影响力比熟悉性和店铺形象更大，即对于知识水平较低的消费者而言，在经济价值感知方面，价格是最重要的因素。低知识水平的群体的产品选择性要因与经济价值间的回归分析结果，如表 5 – 13 所示。

表 5 – 13　低知识水平的群体的产品选择性要因与经济价值间的回归分析结果

模型	非标准化系数		标准化系数	t	p	共线性统计量	
	B	标准误差	β			公差	VIF
常数	0.996	0.205		4.860	0.000		
熟悉性	0.231	0.070	0.232	3.344	0.000	0.517	1.934
质量	0.126	0.087	0.121	1.453	0.148	0.377	2.649
价格	0.501	0.061	0.657	8.214	0.000	0.391	2.555
店铺形象	0.494	0.063	0.551	7.523	0.000	0.405	2.469
$R^2 = 0.617$，修正 $R^2 = 0.607$，$F = 59.471$，$p = 0.000$							

表 5 – 14 以知识水平高的群体为研究对象，展示了产品选择性要素与感知的感性价值之间的多重回归分析结果。因为公差大于 0.1，VIF 值小于 10，所以模型中自变量之间不存在多重共线性。熟悉性的回归系数为 0.060，显著性概率 p 值为 0.208，在统计学上不具有任何的意义。数据显示，感知质量的回归系数为 0.188，感知价格的回归系数为 0.334，店铺形象的回归系数为 0.551。为了验证假设 7 – 3，实施了 AsymptoticT – Test，以验证店铺形象和感知质量、店铺形象和感知价格之间的回归系数的差异是否具有统计学的意义。分析结果显示，店铺形象和感知质量之间的 t 值为 2.671（p = 0.008），店铺形象和感知价格之间的 t 值为 2.293（p = 0.022），全部在 5% 的显著性水平之下，具有统计

学的意义。因此，假设 7 - 3 被采纳。也就是说，知识水平高的消费者，店铺形象对感性价值的影响力比感知质量和感知价格更大，即对于知识水平高的消费者而言，在感性价值感知方面，店铺形象是最重要的因素。高知识水平的群体的产品选择性要因与感性价值间的回归分析结果，如表 5 - 14 所示。

表 5 - 14　高知识水平的群体的产品选择性要因与感性价值间的回归分析结果

模型	非标准化系数		标准化系数	t	p	共线性统计量	
	B	标准误差	β			公差	VIF
常数	0.068	0.205		0.860	0.737		
熟悉性	0.050	0.040	0.060	1.344	0.208	0.680	1.471
质量	0.175	0.056	0.188	3.453	0.002	0.412	2.649
价格	0.371	0.054	0.334	6.214	0.000	0.641	1.551
店铺形象	0.513	0.063	0.551	8.913	0.000	0.473	2.119
$R^2 = 0.746$，修正 $R^2 = 0.740$，F = 122.800，p = 0.000							

表 5 - 15 以知识水平低的群体为研究对象，展示了产品选择性要素与感知的感性价值之间的多重回归分析结果。因为公差大于 0.1，VIF 值小于 10，所以模型中自变量之间不存在多重共线性。研究结果显示，熟悉性的回归系数为 0.047，显著性概率 p 值为 0.415，p 值大于显著性水平 0.05，所以在统计上不具有任何意义。感知质量的回归系数 0.094，显著性概率 p 值 0.167，大于显著性水平 0.05，所以同样在统计上不具有任何意义。数据显示，感知价格的回归系数为 0.501，店铺形象的回归系数为 0.341。因为熟悉性对感知的感性价值产生的影响力在统计上并没有意义，所以驳回了假设 7 - 4。也就是说，知识水平低的群体，其熟悉性并不影响感性价值。低知识水平的群体的产品选择性要因与感性价值间的回归分析结果，如表 5 - 15 所示。

表 5 – 15　低知识水平的群体的产品选择性要因与感性价值间的回归分析结果

模型	非标准化系数		标准化系数	t	p	共线性统计量	
	B	标准误差	β			公差	VIF
常数	0.083	0.202		0.412	0.681		
熟悉性	0.056	0.069	0.047	0.818	0.415	0.517	1.934
质量	0.119	0.085	0.094	1.453	0.167	0.377	2.649
价格	0.531	0.070	0.501	7.214	0.000	0.391	2.551
店铺形象	0.325	0.062	0.341	5.912	0.000	0.403	2.119
R2 = 0.748，修正 R2 = 0.742，F = 109.352，p = 0.000							

四、价格敏感性的调节效果检验

在产品选择性因素对感知价值、感知经济价值和感知感性价值的影响过程中，为了检验消费者对产品的价格敏感性是否具有调节效果，首先以价格敏感性的平均水平为标准，区分为价格敏感性较高的群体和价格敏感性较低的群体来进行分析。在 364 人中，属于价格敏感性较低的群体的有 171 人，属于价格敏感性较高的群体的有 193 人。首先，对各群体进行单独的多重回归分析，其次，为了验证产品选择性因素在各个群体内对感知的经济价值及感知的感性价值产生影响的回归系数是否存在显著的差异，实施了 AsymptoticT – Test。

对价格敏感性的调节效果的分析结果，如表 5 – 16 至表 5 – 19 所示。

表 5 – 16 是以价格敏感性较高的群体为研究对象，展示了产品选择性因素与感知的经济价值之间的多重回归分析结果。在分析之前，首先确认模型中自变量之间是否存在多重共线性，结果显示公差大于 0.1，VIF 值小于 10，所以模型中自变量之间不存在多重共线性。熟悉性的回归系数为 0.135，感知质量的回归系数为 0.329，感知价格回归系数为 0.454，店铺形象的回归系数为 0.324。为了验证假设 8 – 1，实施了感知价格和熟悉性、感知价格和感知质量、感知价格和店铺形象之间的回归系数差异检验的 AsymptoticT – Test。分析结果显示，感知价格和熟悉

性之间的 t 值为 2.822（p=0.005），感知价格和感知质量之间的 t 值为
2.132（p=0.033），感知价格和店铺形象之间的 t 值为 2.21（p=
0.027），所有的回归系数都在 5% 的显著性水平下，有着显著的意义。
因此，假设 8－1 被采纳，即以价格敏感性较高的消费者为例，消费者
感知的价格对经济价值的影响力比对熟悉性、感知质量、店铺形象产生
的影响力都大，即价格敏感性较高的消费者对价格的浮动十分重视。价
格敏感性高的群体的产品选择要因与经济价值之间的回归分析结果，如
表 5－16 所示。

表 5－16　价格敏感性高的群体的产品选择要因与经济价值之间的回归分析结果

模型	非标准化系数		标准化系数	t	p	共线性统计量	
	B	标准误差	β			公差	VIF
常数	1.083	0.172		5.866	0.000		
熟悉性	0.099	0.048	0.135	2.818	0.041	0.460	2.934
质量	0.297	0.064	0.329	4.653	0.000	0.291	3.649
价格	0.290	0.044	0.454	6.214	0.000	0.672	1.551
店铺形象	0.260	0.047	0.342	5.512	0.000	0.572	1.119
R2=0.668，修正 R2=0.660，F=84.352，p=0.000							

表 5－17 以价格敏感性较低的群体为研究对象，展示了产品选择
性因素与感知的经济价值之间的多重回归分析结果。首先确认模型中
自变量之间是否存在多重共线性，结果显示公差大于 0.1，VIF 值小
于 10，所以模型中自变量之间不存在多重共线性。熟悉性的回归系数
为 0.104，感知质量的回归系数为 0.874，感知价格的回归系数为
0.213，店铺形象的回归系数为 0.061，显著性概率的 p 值为 0.516，
高于显著性水平 0.05，不具有任何统计学意义。为了验证假设 8－2，
检验感知质量和熟悉性、感知质量和店铺形象之间的回归系数是否存
在显著的差异，实施了 AsymptoticT－Test。分析结果显示，感知质量
和熟悉性之间的 t 值为 3.32（p=0.000），感知质量和店铺形象之间

的 t 值为 3. 14（p = 0. 002），全部在 5% 的显著性水平下，具有统计学意义。因此，假设 8 - 2 被采纳。也就是说，对价格敏感性较低的消费者来说，感知质量对经济价值的影响力比熟悉性和店铺形象要大，即价格敏感性较低的消费者，在感知经济价值方面，质量是最重要的因素。价格敏感性低的群体的产品选择性要因与经济价值之间的回归分析结果，如表 5 - 17 所示。

表5 - 17　价格敏感性低的群体的产品选择性要因与经济价值之间的回归分析结果

模型	非标准化系数		标准化系数	t	p	共线性统计量	
	B	标准误差	β			公差	VIF
常数	0.977	0.182		5.305	0.000		
熟悉性	0.085	0.042	0.104	2.018	0.046	0.748	1.934
质量	0.757	0.079	0.874	9.653	0.000	0.503	1.649
价格	0.240	0.074	0.213	3.214	0.001	0.241	4.551
店铺形象	0.051	0.078	0.061	0.512	0.516	0.230	4.119
R2 = 0.705，修正 R2 = 0.697，F = 87.352，p = 0.000							

表 5 - 18 以价格敏感性较高的群体为研究对象，展示了产品选择性要素与感知的感性价值之间的多重回归分析结果。首先确认模型中自变量之间是否存在多重共线性，结果显示公差大于 0. 1，VIF 值小于 10，所以模型中自变量之间不存在多重共线性。熟悉性的回归系数为 0. 453，感知质量回归系数为 0. 125，感知价格回归系数为 0. 313，店铺形象的回归系数为 0. 341。为了验证假设 8 - 3，实施了熟悉性和感知质量、熟悉性和感知价格、熟悉性和店铺形象之间的回归系数差异鉴定的 AsymptoticT - Test。分析结果显示，熟悉性和感知质量之间的 t 值为 2. 474（p = 0. 013），熟悉性和感知价格之间的 t 值为 2. 23（p = 0. 026），熟悉性和店铺形象之间的 t 值为 2. 021（p = 0. 043），所有分析结果都在 5% 的显著性水平下，具有统计学的意义。因此，假设 8 - 3 被采纳。换句话说，对于价格敏感性较高的消费者来说，其熟悉性对感

性价值的影响力比感知质量、感知价格和店铺形象都要大，即价格敏感性较高的消费者，在感知感性价值方面，熟悉性是最重要的因素。价格敏感性高的群体的产品选择性要因与感性价值之间的回归分析结果，如表5－18所示。

表5－18　价格敏感性高的群体的产品选择性要因与感性价值之间的回归分析结果

模型	非标准化系数		标准化系数	t	p	共线性统计量	
	B	标准误差	β			公差	VIF
常数	0.278	0.182		1.305	0.132		
熟悉性	0.370	0.068	0.453	5.018	0.000	0.460	2.934
质量	0.109	0.052	0.125	2.653	0.036	0.291	3.649
价格	0.303	0.074	0.313	6.214	0.000	0.672	1.551
店铺形象	0.361	0.050	0.341	7.512	0.000	0.572	1.119
R2＝0.730，修正 R2＝0.723，F＝112.352，p＝0.000							

表5－19以价格敏感性较低的群体为研究对象，展示了产品选择性要素与感知的感性价值之间的多重回归分析结果。首先确认模型中自变量之间是否存在多重共线性，结果显示公差大于0.1，VIF值小于10，所以模型中自变量之间不存在多重共线性。熟悉性的回归系数为0.044，显著性概率 p 值为0.300，大于显著性水平0.05，所以不具有任何的统计学意义。感知质量的回归系数为0.009，显著性概率 p 值为0.861，大于显著性水平0.05，所以不具有任何的统计学意义。数据显示，感知价格的回归系数为0.316，店铺形象的回归系数为0.603。验证假设8－4，为了检验店铺形象和感知质量之间的回归系数是否存在差异，实施了AsymptoticT－Test。分析结果显示，店铺形象和感知质量之间的 t 值为2.619（p＝0.009），在5%的显著性水平上，具有统计学意义。因此，假设8－4被采纳。也就是说，对于价格敏感性较低的消费者来说，店铺形象对感性价值的影响力比感知质量要大，即价格敏感性较低的消费者，在感知感性价值方面，店铺形象是最重要的因素。价

格敏感性低的群体的产品选择性要因与感性价值之间的回归分析结果，
如表 5-19 所示。

表 5-19　价格敏感性低的群体的产品选择性要因与感性价值之间的回归分析结果

模型	非标准化系数		标准化系数	t	p	共线性统计量	
	B	标准误差	β			公差	VIF
常数	0.178	0.191		0.905	0.332		
熟悉性	0.046	0.044	0.044	1.018	0.300	0.748	1.934
质量	0.013	0.076	0.009	0.153	0.861	0.503	1.949
价格	0.333	0.081	0.316	4.214	0.000	0.272	4.551
店铺形象	0.633	0.082	0.603	8.512	0.000	0.230	4.119
R2 = 0.802，修正 R2 = 0.796，F = 148.352，p = 0.000							

五、产品类型（PB/NB）的调节效果检验

在产品的选择性要素对消费者的感知价值、感知的经济价值和感知
的感性价值产生影响的过程中，为了观察和检验产品类型（PB/NB）
的调节效果，在问卷上写上"您在大型超市主要购买的商品类型是什
么？"回答 1 的是经常购买流通企业的产品，回答 2 的是经常购买制造
企业的产品。在 364 人中，选择流通企业商品的有 190 人，选择制造企
业商品的有 174 人。首先对各群体进行单独的多重回归分析，为了验证
各群体内部产品选择性因素对感知的经济价值以及感知的感性价值产生
影响的回归系数大小是否存在显著的差异，进而实施了 AsymptoticT -
Test。

关于产品类型（PB/NB）的调节效果分析结果，如表 5-20 至表
5-23 所示。

表 5-20 是针对选择流通零售企业商品的群体，展示了产品选择性
因素与感知的经济价值之间的多重回归分析结果。首先确认模型中自变
量之间是否存在多重共线性，结果显示公差大于 0.1，VIF 值小于 10，

所以模型中自变量之间不存在多重共线性。熟悉性的回归系数为
0.015，显著性概率 p 值为 0.807，大于显著性水平 0.05，所以在统计
上不具有任何意义。数据显示，感知质量的回归系数为 0.327，感知价
格的回归系数为 0.321，店铺形象的回归系数为 0.203。为了验证假设
9-1，为了检验感知质量和感知价格、感知质量和店铺形象之间的回归
系数之间的差异是否有显著性意义，实施了 AsymptoticT - Test。分析结
果显示，感知质量和感知价格之间的 t 值为 1.01（p = 0.312），感知质
量与店铺形象之间的 t 值为 2.07（p = 0.039），与研究中所设的假说相
同，感知质量的影响力更大，但是在 5% 显著性水平下，感知价格的影
响力在统计上不具有任何意义。因此，假设 9-1 被驳回。也就是说，
选择 PB 产品的消费者，感知质量对经济价值的影响力与感知价格的影
响力没有多大差别，即选择 PB 产品的消费者，在感知经济价值方面，
感知的商品质量和价格没有太多差异。选择 PB 产品的产品选择性要因
与经济价值之间的回归分析结果，如表 5-20 所示。

表 5-20　选择 PB 产品的产品选择性要因与经济价值之间的回归分析结果

模型	非标准化系数		标准化系数	t	p	共线性统计量	
	B	标准误差	β			公差	VIF
常数	0.595	0.185		3.905	0.002		
熟悉性	0.013	0.052	0.014	0.218	0.807	0.556	1.734
质量	0.295	0.066	0.327	4.153	0.000	0.361	2.949
价格	0.303	0.071	0.321	4.214	0.000	0.372	2.551
店铺形象	0.233	0.062	0.203	4.512	0.000	0.430	2.119
R2 = 0.677，修正 R2 = 0.666，F = 78.352，p = 0.000							

表 5-21 以选择制造企业商品的群体为研究对象，展示了产品选择
性要素与感知的经济价值之间的多重回归分析结果。首先确认模型中自
变量之间是否存在多重共线性，结果显示公差大于 0.1，VIF 值小于
10，所以模型中自变量之间不存在多重共线性。分析结果显示，熟悉性

的回归系数为 0.132，感知质量的回归系数为 0.200，感知价格的回归
系数为 0.472，店铺形象的回归系数为 0.280。为了验证假设 9 - 2，实
施了感知价格和熟悉性、感知价格和感知质量、感知价格和店铺形象之
间的回归系数差异比较的鉴定方法 AsymptoticT - Test。分析结果显示，
感知价格和熟悉性之间的 t 值为 2.890（p = 0.004），感知价格和感知质
量之间的 t 值为 2.65（p = 0.008），感知价格和店铺形象之间的 t 值为
2.42（p = 0.015），都小于 0.05，在 5% 的显著性水平下，都具有统计
学的意义。因此，假设 9 - 2 被采纳。也就是说，在 NB 产品方面，感
知价格对经济价值的影响力比熟悉性、感知质量和店铺形象都要大，即
选择 NB 产品的消费者，在感知经济价值方面，价格是最重要的因素。
选择 NB 产品的产品选择性要因与经济价值之间的回归分析结果，如表
5 - 21 所示。

表 5 - 21　选择 NB 产品的产品选择性要因与经济价值之间的回归分析结果

模型	非标准化系数		标准化系数	t	p	共线性统计量	
	B	标准误差	β			公差	VIF
常数	0.885	0.217		4.071	0.000		
熟悉性	0.112	0.052	0.132	2.218	0.033	0.607	1.734
质量	0.195	0.069	0.200	2.153	0.006	0.443	2.249
价格	0.403	0.057	0.472	7.214	0.000	0.546	1.551
店铺形象	0.233	0.058	0.280	4.512	0.000	0.468	2.119
R2 = 0.627，修正 R2 = 0.616，F = 68.990，p = 0.000							

表 5 - 22 以选择流通企业商品的群体为研究对象，展示了产品选择
性要素与感知的感性价值之间的多重回归分析结果。首先确认模型中自
变量之间是否存在多重共线性，结果显示公差大于 0.1，VIF 值小于
10，所以模型中自变量之间不存在多重共线性。分析结果显示，熟悉性
的回归系数为 0.058，显著性概率 p 值为 0.282，大于 0.05，在统计上
不具有任何的意义。数据显示，感知质量回归系数为 0.327，感知价格

回归系数为 0.267，店铺形象的回归系数为 0.451。为了验证假设 9-3，实施了 AsymptoticT-Test，以检验店铺形象和感知质量、店铺形象和感知价格之间的回归系数是否存在差异。分析结果显示，店铺形象和感知质量之间的 t 值为 2.17（p=0.030），店铺形象和感知价格之间的 t 值为 2.323（p=0.020），均在 5% 的显著性水平下，有着统计学的意义。因此，假设 9-3 被纳入。也就是说，如果是 PB 产品，店铺形象对感性价值的影响力比感知质量和感知价格要大，即选择 PB 产品的消费者，在感知感性价值方面，店铺形象是最重要的因素。选择 PB 产品的产品选择性要因与感性价值之间的回归分析结果，如表 5-22 所示。

表 5-22　选择 PB 产品的产品选择性要因与感性价值之间的回归分析结果

模型	非标准化系数		标准化系数	t	p	共线性统计量	
	B	标准误差	β			公差	VIF
常数	0.021	0.117		0.171	0.876		
熟悉性	0.053	0.052	0.058	1.218	0.282	0.507	1.734
质量	0.322	0.069	0.327	4.153	0.000	0.343	2.249
价格	0.275	0.061	0.267	4.214	0.000	0.346	2.551
店铺形象	0.454	0.069	0.451	6.512	0.000	0.468	2.209
$R^2=0.760$，修正 $R^2=0.754$，F=118.990，p=0.000							

表 5-23 以选择制造企业商品的群体为研究对象，展示了产品的选择性要素与感知的感性价值之间的多重回归分析结果。首先确认模型中自变量之间是否存在多重共线性，结果显示公差大于 0.1，VIF 值小于 10，所以模型中自变量之间不存在多重共线性。熟悉性的回归系数为 0.090，感知质量的回归系数为 0.122，感知价格的回归系数为 0.326，店铺形象的回归系数为 0.626。熟悉性对感性价值产生影响的标准化回归系数为 0.090，显著性概率 p 值为 0.047，小于显著性水平 0.05，在 5% 的显著性水平下，具有统计学意义，但标准化回归系数是模型中最小的。因此，假设 9-4 被驳回，即在 NB 产品中，熟悉性对感性价值

产生的影响力要比感知质量、感知价格和店铺形象小。也就是说，选择NB产品的消费者，在感知感性价值方面，熟悉性是最重要的因素。选择NB产品的产品选择性要因与感性价值之间的回归分析结果，如表5-23所示。

表5-23 选择NB产品的产品选择性要因与感性价值之间的回归分析结果

模型	非标准化系数		标准化系数	t	p	共线性统计量	
	B	标准误差	β			公差	VIF
常数	0.209	0.186		1.171	0.263		
熟悉性	0.089	0.044	0.090	2.218	0.047	0.607	1.734
质量	0.077	0.042	0.122	2.153	0.041	0.443	2.260
价格	0.337	0.049	0.326	6.214	0.000	0.546	1.551
店铺形象	0.611	0.050	0.626	12.512	0.000	0.468	2.209
R2 = 0.801，修正 R2 = 0.796，F = 164.990，p = 0.000							

第六章　总结

第一节　研究结果的归纳及启示

一、研究结果的归纳

本文研究结果归纳以下几个方面。

第一，本书中的假设 1 至假说 4 对 PB 产品的选择性因素与消费者感知到的价值——经济价值与感性价值的关系进行了详细的阐述。分析结果显示，熟悉性、感知质量、店铺形象与感知价格 4 种选择性因素对感知价值——经济价值和感性价值都产生了显著性的正（＋）的影响力，即对 PB 产品越熟悉，感知质量越好，对店铺的形象越满意，感知价格就越合适，不仅对消费者内心所感知的经济价值会产生积极的影响，也会对消费者所感知的感性价值产生积极的影响作用。这与许多先行研究中所指出的影响感知价值的先行因素是产品选择性因素的研究结果是一致的（Albaand Hutchinson，1987；Gremler，2001；柳永镇，河东贤，2007；Shiha，2000；Smith，Andrew & Blevins，1992；Grewal，Krishnan & Borin，1998）。

第二，本书中的假设 5 叙述了感知价值与购买意图之间的影响关系。分析结果显示，经济价值和感性价值对消费者的购买意图有着显著的、积极的影响。这样的分析结果意味着，消费者对 PB 产品所感知的经济价值和感性价值越高，越会对 PB 产品的购买意图产生积极的影响。这是许多先行研究中影响购买意图的重要的先行因素，与感知价值的研究结果是一致的（卢英来，2009；Baker，2002；Darsono & Junae-di，2006；李希淑，林淑子，2002）。

第三，本书的假设 6 - 1 至假说 6 - 4 描述了消费者的关于度程度水平是否对 PB 产品的选择性因素和感知价值之间的关系产生影响。假设 6 - 1 的分析结果显示，关于度较高的消费者，其熟悉性、感知价格和感知质量对经济价值产生的影响力要大于店铺形象的影响作用。产生这种结果的原因是关于度高的消费者对 PB 产品比较关心，对产品质量要求很高，即使提高购买合理性需要花费很长的时间，他们也会研究大量的方案，进行复杂的评价过程，通过这样复杂的评价过程，消费者经过大量备选方案的评比，对比自己支付的价格和费用，从而选择品质优良的 PB 产品进行购买。在这种情况下，消费者如果购买性价比较高的 PB 产品，那么就意味着其对更多的经济价值进行感知。假设 6 - 2 的分析结果显示，如果是关于度较低的消费者，其熟悉性、感知质量、感知价格对经济价值的影响力就会大于店铺形象的影响力。这主要是因为关于度低的消费者对 PB 产品的关注度较少，一般会依赖 PB 产品的价格做出购买决策，对价格更重视和依赖。在这种情况下，如果消费者能够以低廉的价格购买到优质的 PB 产品，那么就可以说消费者会感受到更多的经济价值。假设 6 - 3 的分析结果显示，在关于度较高的消费者中，店铺形象对感性价值的影响力要大于熟悉性、感知质量和感知价格对感性价值产生的影响力。这就使得关于度高的消费者更看重 PB 产品，对陈列 PB 产品的卖场的形象会产生很大的兴趣，从而感知到其重要性。这时，如果消费者对卖场的内部环境及形象产生良好的感觉，就意味着消费者可以对产品卖场产生自豪感，从而感受到快乐。假设 6 - 4 的分析结果显示，如果是关于度较低的消费者，其感知质量、感知价格、熟悉性对感性价值产生的影响力要大于店铺形象对感性价值产生的影响力。这主要是因为关于度低的消费者对 PB 产品的关注度较低，消费者不经过对产品的信息搜索，习惯性地选择自己熟悉的和经常购买的 PB 产品。在这种情况下，消费者能够购买到自己熟悉的 PB 产品，意味着在其心中可以感受到快乐和幸福。

第四，本书的假设 7 - 1 至假说 7 - 4 描述了消费者的知识水平是否可能影响 PB 产品的选择性因素和感知的价值之间的关系。假设 7 - 1 的分析结果显示，如果是知识水平较高的消费者，其熟悉性、感知价格和感知质量对经济价值的影响力要明显大于店铺形象的影响力。这主要是因为知识水平高的消费者对 PB 产品有更精细的知识结构，所以 PB 产品的质量就会显得更加重要。一般来说，知识水平较高的消费者都会以产品质量来判断产品的价值。PB 产品的质量越好，消费者支付的费用相比质量的性价比就越高，对经济价值的影响力也就越大。假设7－2的分析结果显示，知识水平较低的消费者，其熟悉性、感知质量和感知价格对经济价值的影响力明显大于店铺形象的影响力。这主要是由于知识水平较低的消费者本身对 PB 商品所拥有的知识水平就低，对产品的内在属性不了解，处理产品信息的能力也很差，消费者为了评价和购买PB 产品，只能依赖价格这样的外在线索去评价产品质量。所以，这就意味着他们只通过 PB 产品的价格来判断产品的经济价值。假设7－3的分析结果显示，对于知识水平较高的消费者来说，店铺形象对感性价值的影响力要明显大于熟悉性、感知质量和感知价格所产生的影响力。这对于知识水平较高的消费者来说，了解更多的信息来评价 PB 产品，对属性信息的理解会更快，对 PB 产品的质量也更容易判断。在这种情况下，如果陈列 PB 产品的商场的气氛已经很好，消费者的信心就会增加，就会感到快乐和幸福感。假设7－4的分析结果显示，知识水平较低的消费者，熟悉性并不能影响感性价值。这意味着，知识水平较低的消费者对 PB 产品比较熟悉，但在购买该产品时，心里是不会产生很大的快乐和喜悦的。

第五，本书的假设8－1至假设8－4描述了消费者的价格敏感性是否可能影响 PB 产品的选择性因素与感知价值之间的关系。假设8－1的分析结果显示，对于价格敏感性较高的消费者来说，熟悉性、感知质量与感知价格对经济价值的影响力明显要大于店铺形象的影响力。这是因为价格敏感性较高的消费者对价格变化的敏感程度很高，这种类型的消费者有追求便宜、以低廉的价格购买 PB 产品的意向，所以当产品的价格上升后其付款意愿就会随之减弱，特别是在经济萎缩时，消费者在消费时，如果是相似的产品，就愿意购买更便宜的 PB 产品，这意味着，消费者在考虑性价比的同时，也表现出合理的消费方式。假设8－2的分析结果显示，价格敏感性较低的消费者，其熟悉性、感知价格和感知质量对经济价值的影响力明显要大于店铺形象所产生的影响力。这说明，价格敏感性较低的消费者对产品的价格并不是很敏感，他们更看重的是产品的质量问题，只要产品的质量好，他们就愿意支付很高的价格。在这种情况下，也可以说是考虑性价比的比较合理的消费方式。假设 8 - 3 的分析结果显示，价格敏感性较高的消费者，其熟悉性对感性价值所产生的影响力明显要大于感知质量、感知价格和店铺形象所产生的影响力。这对于价格敏感性较高的消费者来说，在追求低廉价格的同时，必然要购买自己所熟悉的 PB 产品。换句话说，消费者在购买 PB 产品时，更愿意选择价格低廉、熟悉的产品，购买这种 PB 产品，意味着消费者能够感受到亲切和喜悦。假设 8 - 4 的分析结果显示，对于价格敏感性较低的消费者来说，店铺形象对感性价值的影响力明显要大于熟悉性、感知质量和感知价格所产生的影响力。这说明，价格敏感性较低的消费者喜欢质量好的产品和环境，以及形象与氛围好的卖场，此时如果陈列质量好的产品的卖场的内部环境及形象好，消费者就会产生强烈的自豪感，从而在精神上和感情上都会感到快乐。

第六，本书的假设 9 - 1 至假说 9 - 4 描述了产品类型（PB/NB）是否可能影响产品的选择性因素与感知价值之间的关系。假设 9 - 1 的分析结果显示，如果是选择 PB 产品的消费者，其熟悉性、感知价格和感知质量对经济价值所产生的影响力要远远大于店铺形象所产生的影响力，但与感知价格相比，在统计学上并没有什么特别的差异。可以说，要想激发喜爱和选择 PB 产品的消费者的经济价值，质量和价格都是非常重要的因素。假设 9 - 2 的分析结果显示，如果是选择 NB 产品的消费者，其熟悉性、感知质量和感知价格对经济价值产生的影响力要远远大于店铺形象所产生的影响力。这对于喜欢和选择 NB 产品的消费者来说，如果能够购买到价格适中的优质产品，就会进一步诱发他的经济价值。假设 9 - 3 的分析结果显示，喜欢和选择 PB 产品的消费者，其熟悉性、感知质量和感知价格，相比于店铺形象对感性价值产生的影响力要更大。也就是说，喜爱和选择 PB 产品的消费者本身对选择流通企业的产品就是感兴趣的，他们不仅重视流通企业产品陈列的店铺，还重视店铺的形象及氛围，如果流通企业的店铺形象好，消费者就会对店铺零售企业和其产品产生自豪感，就会感到快乐和欣慰。假设 9－4 的分析结果显示，喜欢并选择 NB 产品的消费者，其熟悉性对感性价值会产生积极的影响力，但是其影响力是最小的。这意味着，喜欢和选择 NP 产品的消费者，如果他们对其购买的产品感到熟悉和亲切，就会感到愉悦和喜悦。

二、研究的启示

从本书的结果中得到的实务性启示整理如下。

第一，为了形成对 PB 产品的感知价值——经济价值和感性价值，站在零售商的立场上，多宣传自己的产品，在消费者面前多曝光，让消费者对零售企业产品产生熟悉性和亲近感，给消费者提供质量好的产品，根据消费者的喜好打造店铺形象，并适当地制定本公司产品的价格。为此，流通企业必须很好地运用四个选择性因素：熟悉性、感知质量、感知价格和店铺形象。

第二，零售企业应根据消费者的特点和产品类型，采取适当的选择性因素，即对关于度较高的消费者、知识水平较高的消费者和价格敏感度较低的消费者而言，给他们提供质量好的产品，才能让其形成更多的消费者经济价值。对于关于度较低的消费者、知识水平较低的消费者、价格敏感度较高的消费者，以及喜欢制造商产品（NB）的消费者，只有给他们提供价格低廉和价格适中的产品，这样他们才能感受到更多的经济价值。对于关于度较高的消费者、知识水平较高的消费者、价格敏感度较低的消费者，以及喜欢零售产品（PB）的消费者来说，只要根据他们的喜好和偏好建立成熟的、吸引人的店铺形象，他们就会感到喜悦和幸福，同时就能更多地感受到感性的价值。对于关于度较低的消费者和价格敏感度较高的消费者来说，给他们提供一个熟悉和亲近的产品，就能激发他们形成感性价值。为此，零售商应培养快速掌握消费者的类型的消费者，了解他们喜欢什么样的产品类型。只有这样，才能减少成本，提高效益，同时满足消费者的需求，让企业在市场竞争中立于不败之地。

第二节　研究的局限性及以后的研究方向

本书有以下几个局限点：第一，由于本研究是以大型流通企业、中大型超市为对象收集的资料，因此很难将研究结果普遍化和标准化。在今后的研究中，不仅需要研究多样的业态，还需要将机构研究者纳入研究对象，而不只是普通消费者。第二，只考虑到消费者特点中的关于度、产品知识水平和价格敏感性，产品类型也只考虑到 PB 产品和 NB 产品。我们认为，在今后的研究中，需要考虑多样化的消费者特点和产品类型，使研究变得多元化和普遍化。

参考文献

［1］编委会．现代商场超市经营管理百科全书［M］．北京：中国知识出版社，2006.

［2］金娟．连锁超市经营管理实务［M］．深圳：海天出版社，2003.

［3］潘文富，黄静，敦平．实体店精细化运营［M］．广州：广东经济出版社，2010.

［4］郑昕．连锁门店运营管理［M］．北京：机械工业出版社，2016.

［5］尧京德，唐嘉成，吴帝聪．赢在便利［M］．北京：中华工商联合出版社，2014.

［6］付玮琼．商场超市经营管理［M］．北京：化学工业出版社，2015.

［7］付玮琼．商场超市陈列与营销技巧［M］．北京：化学工业出版社，2018.

［8］耿启俭．连锁联盟——新零售时代实体店崛起之道［M］．北京：中国纺织出版社，2015.

［9］AakerKeller. The effects of sequential introduction of brand extensions［J］. Journal of marketing research，1992：35 − 50.

［10］Aaker，Equity. Capitalizing on the Value of a Brand Name［J］. New York，1991：87 − 95.

［11］Alba，Hutchinson. Dimensions of consumer expertise［J］. Journal of consumer research，1987，13（4）：411 − 454.

［12］Allison，Uhl. Influence of beer brand identification on taste perception

［J］. Journal of Marketing Research, 1964: 36 – 39.

［13］ Anderson, Sullivan. The antecedents and consequences of customer satisfaction for firms ［J］. Marketing science, 1993, 12 (2): 125 – 143.

［14］ Antil. Conceptualization and operationalization of involvement ［J］. ACR North American Advances, 1984: 101 – 112.

［15］ Baugh, Davis. The effect of store image on consumers´ perceptions of designer and private labelclothing ［J］ Clothing and Textiles Research Journal, 1989, 7 (3): 15 – 21.

［16］ Bettman. Relationship of information – processing attitude structures to private brand purchasing behavior ［J］. Journal of Applied Psychology, 1974, 59 (1): 79.

［17］ Bellenger, Steinberg, Stanton. Congruence of store image and self Image – as it relates tostore loyalty ［J］. Journal of retailing, 1976, 52 (1): 17 – 32.

［18］ Bellizzi, Krueckeberg, Hamilton, et al. Consumer perceptions of national, private and generic brands ［J］. Journal of retailing, 1981, 57 (4): 56 – 70.

［19］ Bettman, Park. Effects of prior knowledge and experience and phase of the choice process on consumer decision processes: A protocol analysis ［J］. Journal of consumer research, 1980, 7 (3): 234 – 248.

［20］ Bettman, Sujan. Effects of framing on evaluation of comparable and noncomparable alternatives by expert and novice consumers ［J］. Journal of Consumer Research, 1987, 14 (2): 141 – 154.

［21］ Brucks. The effects of product class knowledge on information search behavior ［J］. Journal of consumer research, 1985: 1 – 16.

［22］ Brucks, Zeithaml. Price as an indicator of quality dimensions ［J］. In Association for Consumer Research Annual Meeting, 1987: 218 – 222.

［23］Bitner. Evaluating service encounters: the effects of physical surround-
ings and employee responses ［J］. the Journal of Marketing, 1990:
69 - 82.

［24］Bowen, Shoemaker. Loyalty: A strategic commitment ［J］. The Cor-
nell Hotel and Restaurant Administration Quarterly, 1998, 39（1）:
12 - 25.

［25］Chiou, Li, HY. Equilibrium and kinetic modeling of adsorption of re-
active dye on cross - linked chitosan beads ［J］. Journal of hazardous
materials, 2002, 93（2）: 233 - 248.

［26］Cunningham, Brathwaite. Inhibition of Sclerotium rolfsii by Pseudo-
monas aeruginosa ［J］. Canadian Journal of Botany, 1982, 60
（3）: 237 - 239.

［27］Darsono, Junaedi. An Examination of perceived quality, satisfaction
and loyalty relationship ［J］. Gadjah Mada International Journal of
Business, 2006, 8（3）.

［28］Dennis. The fetal valproate syndrome ［J］. American Journal of Medi-
cal Genetics PartA, 1984, 19（3）: 473 - 481.

［29］Dodds. Factors associated with dominance of the filamentous green alga
Cladophora glomerata ［J］. Water Research, 1991, 25（11）:
1325 - 1332.

［30］Dodds, Monroe, Grewal. Effects of price, brand and store informati
on onbuyers'product evaluations ［J］. Journal of marketing research,
1991: 307 - 319.

［31］Doyle, Fenwick. The pitfalls of AID analysis ［J］. Journal of Market-
ing Research, 1975: 408 - 413.

［32］Dick, Richardson. Correlates of store brand proneness: some empiri-
cal observations ［J］. Journal of Product & Brand Management,
1995, 4（4）: 15 - 22.

［33］ Engel, Jakob, Gaestel, et al. Small heat shock proteins are molecular chaperones ［J］. Journal of Biological Chemistry, 1993, 268 (3): 1517 – 1520.

［34］ Eggert, Ulaga. Customer perceived value: a substitute for satisfaction in business markets ［J］. Journal of Business & industrial marketing, 2002, 17 (2/3): 107 – 118.

［35］ Erdem, Hunsicker, Simmons, et al. XPS and FTIR surface characterization of TiO2 particles used in polymer encapsulation ［J］. Langmuir, 2001, 17 (9): 2664 – 2669.

［36］ Foxall, James. The behavioral ecology of brand choice: How and what doconsumers maximize ［J］. Psychology & Marketing, 2003, 20 (9): 811 – 836.

［37］ Garvin. Competing on the eight dimensions of quality ［J］. Harv Bus Rev, 1987: 101 – 109.

［38］ Grewal, Krishnan, Baker, et al. The effect of store name, brand name and price discounts on consumers´ evaluations and purchase intentions ［J］. Journal of retailing, 1998, 74 (3): 331 – 352.

［39］ Goldsmith, Newell. Innovativeness and price sensitivity: managerial, theoretical and methodological issues ［J］. Journal of Product & Brand Management, 1997, 6 (3): 163 – 174.

［40］ Hoch, Banerji. When do private labels succeed ［J］. Sloan management review, 1993, 34 (4): 57.

［41］ Hoch, Loewenstein. Time – inconsistent preferences and consumer self – control ［J］. Journal of consumer research, 1991, 17 (4): 492 – 507.

［42］ Huffman, Houston. Goal – oriented experiences and the development of knowledge ［J］. Journal of Consumer Research, 1993, 20 (2): 190 – 207.

［43］ Hoyer, Brown. Effects of brand awareness on choice for a common, repeat – purchase product ［J］. Journal of consumer research, 1990, 17（2）: 141 – 148.

［44］ Jain, Etgar. Measuring store image through multidimensional – scaling of free response data ［J］. Journal of Retailing, 1997, 52（4）: 61.

［45］ Johnson, Russo. Product familiarity and learning newinformation ［J］. Journal of consumer research, 1984, 11（1）: 542 – 550.

［46］ Kalra, Goodstein. The impact of advertising positioning strategies on consumer price sensitivity ［J］. Journal of Marketing Research, 1998: 210 – 224.

［47］ Kardes, Lim. Moderating effects of prior knowledge on the perceived diagnosticity of beliefs derived from implicit versus explicit product claims ［J］. Journal of Business Research, 1994, 29（3）: 219 – 224.

［48］ Keller. Abrupt deep – sea warming at the end of the Cretaceous ［J］. Geology, 1998, 26（11）: 995 – 998.

［49］ Klepper. Nitric oxide（NO）and nitrogen dioxide（NO2）emissions from herbicide – treated soybean plants ［J］. Atmospheric Environment（1967）, 1979, 13（4）: 537 – 542.

［50］ Korgaonkar, Lund, Price. A structural equations approach toward examination of store attitude and store patronage behavior ［J］. Journal of Retailing, 1985: 219 – 310.

［51］ Lewison. Government funding of research and development ［J］. Science, 1997, 278（5339）: 878 – 880.

［52］ Lee, Olshavsky. Toward a predictive model of the consumer inference process: The role of expertise ［J］. Psychology & Marketing, 1994, 11（2）: 109 – 127.

［53］ Lichtenstein, Ridgway, Netemeyer. Price perceptions and consumer shopping behavior: a field study [J]. Journal of marketing research, 1993: 234 - 245.

[54] Luhmann. Law as a social system [J]. Nw UL Rev, 1988, 83: 136.

[55] Lutz, MacKenzie. An empirical examination of the structural anteced-ents of attitude toward the ad in an advertising pretesting context [J]. The Journal of Marketing, 1989: 48 - 65.

[56] Maheswaran, Sternthal. The effects of knowledge, motivation, and type of message on ad processing and product judgments [J]. Journal of consumer Research, 1990, 17 (1): 66 - 73.

[57] Mazursky, Jacoby. Exploring the development of store images [J]. Journal of retailing, 1986, 62 (2): 145 - 165.

[58] McGoldrick. Grocery generics—An extension of the private label con-cept [J]. European Journal of Marketing, 1984, 18 (1): 5 - 24.

[59] McGuire. Estrogen control of progesterone receptor in human breast cancer: correlation with nuclear processing of estrogen receptor [J]. Journal of Biological Chemistry, 1978, 253 (7): 2223 - 8.

[60] McMaster. Automated line generalization [J]. Cartographica: The In-ternational Journal for Geographic Information and Geovisualization, 1987, 24 (2): 74 - 111.

[61] Messinger, Narasimhan. Has power shifted in the grocery channel [J]. Marketing Science, 1995, 14 (2): 189 - 223.

[62] Myers. Determinants of private brand attitude [J]. Journal of market-ing Research, 1967: 73 - 81.

[63] Moorman, Diehl, Brinberg, et al. Subjective knowledge, search lo-cations, and consumer choice [J]. Journal of Consumer Research, 2004, 31 (3): 673 - 680.

[64] Monroe, Krishnan. The effect of price - comparison advertising on buy-

ers' perceptions of acquisition value, transaction value and behavioral intentions [J]. Journal of Marketing, 1985, 62 (2): 46 – 59.

[65] Negishi, Chaki, Shichibu, et al. Origin of magic stability of thiolated gold clusters: a case study on Au25 (SC6H13) 18 [J]. Journal of the American Chemical Society, 2007, 129 (37): 11322 – 11323.

[66] Patti, Fisk. National advertising, brands and channel control: An historical perspective with contemporary options [J]. Journal of the Academy of Marketing Science, 1982, 10 (1): 90 – 108.

[67] Parasuraman, Zeithaml, Berry. A conceptual model of service quality and itsimplications for futurere search [J]. Journal of Marketing, 1985: 41 – 50.

[68] Park, Lessig. Familiarity and its impact on consumer decision biases and heuristics [J]. Journal of consumer research, 1981, 8 (2): 223 – 230.

[69] Petty, Cacioppo, Goldman. Personal involvement as a determinant of argument – based persuasion [J]. Journal of personality and social psychology, 1981, 41 (5): 847.

[70] Pham. Representativeness, relevance and the use of feelings in decision making [J]. Journal of consumer research, 1998, 25 (2): 144 – 159.

[71] Raggio, Leone. The theoretical separation of brand equity and brand value: Managerial implications for strategic planning [J]. Journal of Brand Management, 2007, 14 (5): 380 – 395.

[72] Raju, Sethuraman, Dhar. The introduction and performance of store brands [J]. Management science, 1995, 41 (6): 957 – 978.

[73] Rao, Monroe. The effect of price, brand name and store name on buyers' perceptions of product quality: An integrative review [J]. Journal of marketing Research, 1989: 351 – 357.

[74] Richardson, Dick, Jain. Extrinsic and intrinsic cue effects on perceptions of store brand quality [J]. The Journal of Marketing, 1994: 28 – 36.

[75] Richardson, Gordon. Beyond polycentricity: the dispersed metropolis, Los Angeles, 1970 – 1990 [J]. Journal of the American Planning Association, 1996, 62 (3): 289 – 295.

[76] Richardson, Jowett, McDowall. Relative effects of in stream habitat and land use on fish distribution and abundance in tributaries of the Grey River, New Zealand [J]. New Zealand journal of marine and freshwater research, 1996, 30 (4): 463 – 475.

[77] Schutte. The semantics of branding, The Journal of Marketing, 5 – 11. Stern, Tang, Jacobs, Marder, Schofield, Gurland & Mayeux (1996) [J]. The Lancet, 1969, 348 (9025): 429 – 432.

[78] Shapiro. Embedded image coding using zerotrees of wavelet coefficients [J]. IEEET ransactions on signal processing, 1993, 41 (12): 3445 – 3462.

[79] Shankar, Smith, Rangaswamy. Customer satisfaction and loyalty in online and offline environments [J]. International journal of research in marketing, 2003, 20 (2): 153 – 175.

[80] Shapiro. Computer classification of all – night sleep EEG (sleepprints) [J]. The Abnormalities of Sleep in Man. Bologna: Aulo Gaggi, 1968: 45 – 53.

[81] Sweeney, Soutar. Consumer percei vedvalue: The development of a multiple item scale [J]. Journal of retailing, 2001, 77 (2): 203 – 220.

[82] Sujan. Consumer knowledge: Effects on evaluation strategies mediating consumer judgments [J]. Journal of Consumer Research, 1985: 31 – 46.

[83] Tucker. The development of brand loyalty [J]. Journal of Marketing

research, 1964: 32 – 35.

[84] Zaich kowsky. Conceptualizing involvement [J]. Journal of advertising, 1986, 15 (2): 4 – 34.

[85] Zeithaml. Consumer perceptions of price, quality and value: a means – end model and synthesis of evidence [J]. The Journal of marketing, 1988: 2 – 22.

[86] Zinkhan, Muderrisoglu. Involvement, familiarity, cognitive differentiation and advertising recall: a test of convergent and discriminant validity [J]. ACR North American Advances, 1985: 38 – 46.